高等职业教育规划教材

数据处理与试验设计

王雪平 路长远 主编

化学工业出版社

·北京·

内 容 简 介

本教材采用案例教学模式，结合分析检测、质量控制、产品研发、工艺改造等实际工作中的具体应用来编写，介绍了数据处理方法和一些常用的试验设计应用。全书分为8个项目，分别介绍了误差分析、统计推断、回归分析、单指标试验、多指标与混合水平试验、有交互作用的试验、正交试验的方差分析、常用正交试验软件及应用拓展。本教材使用Excel制作了正交试验设计模板，便于快速上手学习。

本书为高等职业教育化工技术类、食品类、制药类、生物技术类、材料类、轻化工类、环境保护类、农业类、林业类等相关专业的教学用书，也可供工程技术人员、科研人员和教师参考。

图书在版编目（CIP）数据

数据处理与试验设计/王雪平，路长远主编. —北京：化学工业出版社，2022.6
高等职业教育规划教材
ISBN 978-7-122-40966-9

Ⅰ．①数…　Ⅱ．①王…　②路…　Ⅲ．①数据处理–高等职业教育–教材②试验设计–高等职业教育–教材
Ⅳ．①TP274②O212.6

中国版本图书馆 CIP 数据核字（2022）第 042566 号

责任编辑：王文峡　　　　　　　　文字编辑：王丽娜　　师明远
责任校对：赵懿桐　　　　　　　　装帧设计：王晓宇

出版发行：化学工业出版社（北京市东城区青年湖南街 13 号　邮政编码 100011）
印　　装：三河市延风印装有限公司
787mm×1092mm　1/16　印张9　字数180千字　2022 年 7 月北京第 1 版第 1 次印刷

购书咨询：010-64518888　　　　　　　　售后服务：010-64518899
网　　址：http://www.cip.com.cn
凡购买本书，如有缺损质量问题，本社销售中心负责调换。

定　　价：35.00 元　　　　　　　　　　　　　　　版权所有　违者必究

本教材旨在使学习者了解并掌握试验方案设计以及对试验所得数据进行分析和处理的基本理论和知识。培养学习者合理设计试验的能力，并掌握对试验数据进行科学分析和处理的技能，最终达到分析问题和解决问题的目的。

　　本教材包括误差分析、统计推断、回归分析等八个项目。教材采用案例教学模式，结合分析检测、质量控制、产品研发、工艺改造等实际工作中的具体应用来编写，避免了大量枯燥的理论和公式推导，加强针对性，将重点放在方法应用上，通过 1~2 个完整的例题讲解清楚一类问题的具体解决办法，实用性较强。

　　本教材使用 Excel 制作了正交试验设计模板，并针对 Excel 功能上的不足，使用 VBA 编写了清除数据、自动排序、保存工作表等功能的程序代码，使 Excel 功能更加完善，拓展了 Excel 的应用范围。主要内容有完善的 Excel 计算模板，作为教材配套的电子资料，以方便使用者在使用该教材时，能尽快上手。读者可登录 www.cipedu.com.cn "化工教育"网站，注册后下载模板使用。

　　本书可作为高等职业教育环境保护类、化工技术类、食品类、制药类、生物技术类、农业类、林业类、材料、数学与应用数学、信息与计算科学、统计学及经济等专业的教材，也可作为相关专业从业人员的参考资料。

　　本书由王雪平、路长远主编，杜凌楠参与编写，并做了大量基础工作。朱惠斌给予了指导和帮助。

　　由于编者学识水平有限，书中难免存在不足之处，恳请读者指正。

编者

2022 年 1 月

目　录

误差分析

　　对研究对象的测试检验，要经过采样、分析、计算等一系列过程，其中每一环节都有多种干扰因素的影响，这必定会导致最终测试结果与真值不一致，即存在一定的测试误差。为了尽可能取得较准确的测试结果，确保能够得出科学的正确结论。除了要熟练掌握测试专业知识和操作技能外，还必须通过误差分析，认清误差的来源及其影响，对测试误差进行分析和估算，并设法消除或减小误差，提高测试的精确性。本章将对误差理论进行简单介绍。

任务一　误差的基本概念

　　误差是测量结果与真值之差，用来衡量测量结果与真值的接近程度。通常按其来源和性质分类。

一、真值与平均值

　　在一定条件下，任何物理量的大小都有一个客观存在的真实值，称为真值。通常一个物理量的真值是未知的，是人们努力要求测到的。严格来讲，由于测量仪器、测定方法、测量环境、人的观察力、测量程序等，都不可能是完美无缺的，故真值是无法测得的，是一个理想值。科学实验中**真值**的定义是：设在测量中观察的次数为无限多，则根据误差分布定律，正负误差出现的概率相等，故将各观察值相加，加以平均，在无系统误差情况下，可能获得极近于真值的数值。故"真值"在现实中是指观察次数无限多时，所求得的平均值（或是写入文献手册中所谓的"公认值"）。然而对工程实验而言，测量的次数都是有限的，故用有限测量次数求出的平均值，只能是近似真值，或称为最佳值，一般称这一最佳值为**平均值**。常用的平均值有下列几种。

1. 算术平均值

这种平均值最常用。凡测量值的分布服从正态分布时，用最小二乘法原理可以证明：在一组等精度的测量中，算术平均值为最佳值或最可信赖值。

$$\overline{x} = \frac{x_1 + x_2 + \cdots + x_n}{n} = \frac{\sum\limits_{i=1}^{n} x_i}{n} \tag{1-1}$$

式中　x_1，x_2，$\cdots$，x_n——各次测量值；

$\quad\quad n$——测量的次数。

2. 均方根平均值

均方根平均值也称作效值，它的计算方法是先平方，再平均，然后开方。

$$\overline{x}_{均} = \sqrt{\frac{x_1^2 + x_2^2 + \cdots + x_n^2}{n}} = \sqrt{\frac{\sum\limits_{i=1}^{n} x_i^2}{n}} \tag{1-2}$$

3. 加权平均值

设对同一物理量用不同方法去测定，或同一物理量由不同人去测定，计算平均值时，常对比较可靠的数值予以加重平均，称为加权平均。

$$\overline{w} = \frac{w_1 x_1 + w_2 x_2 + \cdots + w_n x_n}{w_1 + w_2 + \cdots + w_n} = \frac{\sum\limits_{i=1}^{n} w_i x_i}{\sum\limits_{i=1}^{n} w_i} \tag{1-3}$$

式中　x_1，x_2，$\cdots$，x_n——各次观测值；

$\quad\quad w_1$，w_2，$\cdots$，w_n——各测量值的对应权重，各观测值的权数一般凭经验确定。

4. 几何平均值

几何平均值一般指几何平均数。几何平均数是对各变量值的连乘积开项数次方根。

$$\overline{x} = \sqrt[n]{x_1 x_2 x_3 \cdots x_n} \tag{1-4}$$

5. 对数平均值

以样本作为真数对自然底数 e（也可以用其他数）取对数，得到的值求算数平均值，再计算 e 的幂还原数据，得到的结果就是对数平均值。

$$\bar{x}_n = \frac{x_1 - x_2}{\ln x_1 - \ln x_2} = \frac{x_1 - x_2}{\ln \dfrac{x_1}{x_2}} \tag{1-5}$$

以上介绍的各种平均值，目的是要从一组测定值中找出最接近真值的那个值。平均值的选择主要决定于一组观测值的分布类型，如在环境工程相关专业的实验研究中，数据分布多属于正态分布，故通常采用算术平均值。

二、测量误差

在任何一种测量中，无论所用仪器多么精密，选用方法多么完善，实验者多么细心，不同时间所测得的结果不一定完全相同，会有一定的误差和偏差。严格来讲，误差是指实验测量值（包括直接和间接测量值）与真值（客观存在的准确值）之差，偏差是指实验测量值与平均值之差，但习惯上通常将两者混淆而不作区别。

根据误差的性质及其产生的原因，可将误差分为系统误差、偶然（随机）误差、过失误差三种。

1. 系统误差

系统误差是由某些固定不变的因素引起的，对分析结果的影响较为恒定，因此也称为**恒定误差**。它服从一定的函数规律，具有一定的方向性，即测量结果总是偏高或偏低，在相同条件下进行多次测量，其误差数值的大小和正负保持恒定，或随条件改变按一定的规律变化。在相同条件下重复测定时往往重复出现，因此重复测定不能发现和减少系统误差。

由于系统误差是测量误差的重要组成部分，因此消除和估计系统误差对于提高测量准确度十分重要。一般系统误差是有规律的，对于不能消除的系统误差，应设法确定或估计出来。若能找出原因，并设法加以校正，系统误差就可以消除，因此也称为可测误差。系统误差产生的主要原因如下。

（1）方法误差，指分析方法本身所造成的误差。例如滴定分析中，由指示剂确定的滴定终点与化学计量点不完全符合，以及副反应的发生等，这些因素都将使测定结果偏高或偏低。

（2）仪器误差，主要是仪器本身不够准确或未经校准所引起的。如天平、砝码和容量器皿刻度不准，pH 计零点不对，分光光度计波长不准等，在使用过程中都会使测定结果产生误差。

（3）试剂误差，是由试剂不纯或蒸馏水中含有微量杂质所引起的。例如要在 1mol/L KCl 底液中测定头发中的铅含量（5×10^{-7}g/g），先取 1g 发样消化后溶解定容至 50mL，分别取 5mL 定容后的溶液和 5mL 2mol/L 的 KCl 溶液进行混合后测定，即使用优级纯（G.R.）的 KCl［重金属含量（以铅计）为≤0.00005%］进行测定，试剂误差也可能高达 740%。

（4）操作误差，指由分析工作者操作不标准而引起的误差。如读取滴定管数值时偏高或偏低，滴定终点颜色辨别偏深或偏浅。

（5）主观误差，由分析人员本身主观因素引起的。例如对终点颜色的辨别不同，有的人结果偏深，有的人结果偏浅；用移液管取样进行平行滴定时，有人总是想使第二份滴定结果与前一份滴定结果相吻合，在判断终点或读取滴定读数时，不自觉地受到这种先入为主的影响，从而产生主观误差。

2. 偶然误差

偶然误差又称**随机误差**，由某些不易控制的因素造成。在相同条件下做多次测量，其误差的大小、正负方向不一定，产生原因一般不详，因而也就无法控制，主要表现在测量结果的分散性上，但完全服从统计规律，研究偶然误差可以采用概率统计的方法。例如用分析天平称量某一试样，要求称准至 0.1 mg，但多次称量，在这一位数上常有波动，达不到完全的一致，这可能是由不同时间天平周围气流的变化、环境震动、试样暴露于空气中的时间有差异等一系列细微变化而引起的，测量次数少，似乎看不出什么规律性，但测量次数多了，就可发现它的统计规律性，它是一种服从统计规律的、具有抵偿性的误差。在误差理论中，常用精密度一词来表征偶然误差的大小，偶然误差越大，精密度越低，反之亦然。

在测量中，如果已经消除引起系统误差的一切因素，而所测数据仍在末一位或末二位数字上有差别，则为偶然误差。偶然误差的存在，主要是一般只注意认识影响较大的一些因素，而往往忽略其他一些小的影响因素，不是尚未发现，就是无法控制，而这些影响因素正是造成偶然误差的原因。

3. 过失误差

除了系统误差和偶然误差外，还有一种由工作人员粗心大意，违反操作规程造成的错误，称为"过失"，即过失误差，也叫**粗差**。如器皿不洁净、看错砝码、读错刻度、加错试剂、操作过程中样品损失、仪器出现异常而未发现、计算或记录错误等。过失误差通常表现为测量结果与事实明显不符，没有一定规律可循。消除过失误差的关键在于，改进和提高分析人员的业务素质和工作责任感，不断提高其理论和技术水平，严格遵守操作规程，认真进行试验。一旦发现测定结果异常，应立即检查测试方法和测试过程，对于存在过失误差的测定结果，应予以剔除；对于不明原因的测量结果异常，则要按照异常数据的检验规则进行检验，以判断这种数据的性质，决定保留或剔除。

系统误差和偶然误差是可以相互转化的，如温度对测定结果的影响，短时间内温度波动而产生的误差可能是偶然误差，而在长时期内进行的试验，温度的影响则可能是系统误差。因此实验室中标准曲线的使用要慎重，长时间重复使用一种标准曲线，容易引入系统误差，必须及时对标准曲线进行校正或重新绘制。

综上所述，可以认为系统误差和过失误差一般是可以设法避免的，而偶然误差是不可避免的，因此最好的实验结果应该只含有偶然误差。

三、计算误差

计算误差是指测试数据的处理过程中，由于计算方法、计算工具引入新的误差，或把测量误差进一步放大，而导致测试结果偏离真实值。如

（1）修约误差：如 π 的取值为 3.14 或 3.14159，用 0.3333 代替 1/3 等。

（2）算法误差：如级数展开时，要截断并舍去一些项（在计算机中用 $\sin x = \dfrac{x}{1!} - \dfrac{x^3}{3!} + \dfrac{x^5}{5!} - \dfrac{x^7}{7!} + \cdots$ 计算 $\sin x$，实际运行时，不可能取无限项，便产生了误差）。

有时若式子不简化变形而直接计算也会将误差放大 [如：函数 $Y(x) = 10^7(1 - \cos x)$，求 $Y(2°)$]。

如果直接计算：$Y(2°) = 10^7(1 - \cos 2°) = 10^7(1 - 0.9994) = 6000$

如果变形计算：$Y(2°) = 10^7(1 - \cos 2°) = 10^7(2\sin^2 1°) = 10^7 \times 2 \times 0.0175 = 6125$

（3）过失误差：把数值弄错的错误操作，导致计算结果不正确。

四、误差的削减方法

1. 计算误差的削减

选择最佳的算法，改善计算手段，或对求解问题做适当变换，在条件允许的情况下，尽可能不要过早地修约中间计算结果（若要修约也要多保留些有效数字位数）以免扩大计算误差，另外还要注意以下几方面。

（1）不要把两个数值相近的数相减，以免降低精度；

（2）几个相差很大的数进行加减时，为了避免大数吃掉小数，要把数值大的数和数值小的数分别加减后再进行计算；

（3）避免用较小的不准确的数值作除数，以免修约误差增大；

（4）尽量简化计算步骤，以减少运算次数和修约误差，如：

$$将 \ ac+bc \ 变为（a+b）c$$

$$将 \ Y = a_0 + a_1 x + a_2 x^2 + a_3 x^3 \ 变为 \ Y = a_0 + [a_1 + (a_2 + a_3 x)x]x$$

（5）必要时用加法代替乘法，用乘法代替除法和乘幂，特别是用计算机作计算工具的时候。

2. 测量误差的削减

从误差的分类和各种误差产生的原因来看，只有操作熟练并尽可能地减少系统误差和偶然误差，才能提高分析结果的准确度。削减误差的主要方法分述如下。

（1）**对照试验** 这是用来检验系统误差的有效方法。进行对照试验时，常用已知准确含量的标准试样（或标准溶液），按同样方法进行分析测定以便对照，也可以用不同的分析方法，或者由不同单位的化验人员分析同一试样来互相对照。

在生产中，常常在分析试样的同时，用同样的方法做标样分析，以检查操作是否正确和仪器是否正常，若分析标样的结果符合"公差"规定，说明操作与仪器均符合要求，试样的分析结果是可靠的。

（2）**空白试验** 在不加试样的情况下，按照试样的分析步骤和条件而进行的测定叫作空白试验，得到的结果称为"空白值"。从试样的分析结果中扣除空白值，就可以得到更接近于真实值的分析结果。由试剂、蒸馏水、实验器皿和环境带入的杂质所引起的系统误差，可以通过空白试验来校正。空白值过大时，必须采取提纯试剂或改用适当器皿等措施来降低。

（3）**校准仪器** 在日常分析工作中，因仪器出厂时已进行过校正，只要保管妥善，一般可不必进行校准。在准确度要求较高的分析中，对所用的仪器如滴定管、移液管、容量瓶、天平砝码等，必须进行校准，求出校正值，并在计算结果时采用，以消除由仪器带来的误差。

（4）**方法校正** 某些分析方法的系统误差可用其他方法直接校正。例如，在质量分析中，使被测组分沉淀绝对完全是不可能的，如有必要，需采用其他方法对溶解损失进行校正。如在沉淀硅酸盐后，可再用比色法测定残留在滤液中的少量硅，在准确度要求高时，应将滤液中该组分的比色测定结果加到质量分析结果中。

（5）**进行多次平行测定** 这是减小偶然误差的有效方法，偶然误差初看起来似乎没有规律性，但事实上偶然中包含有必然性。经过大量的实践发现，当测量次数很多时，偶然误差的分布服从一般的统计规律：

① 大小相近的正误差和负误差出现的机会相等，即绝对值相近而符号相反的误差是以同等机会出现的；

② 小误差出现的频率较高，而大误差出现的频率较低。

在消除系统误差的情况下，平行测定的次数越多，则测得值的算术平均值越接近真值。显然，无限多次测定的平均值，在校正了系统误差的情况下，即为真值。

任务二　有效数字及其运算法则

在科学实验中，为了得到准确的测量结果，不仅要准确地测定各种数据，而且还要正确地记录和计算。分析结果的数值不仅表示试样中被测成分含量的多少，而且还反映了测定的准确程度。所以，记录实验数据和计算结果应保留几位数字是一件很重要的事，不能随便增加或减少位数。

例如用质量法测定硅酸盐中的 SiO_2 时，若称取试样质量为 0.4538 g，经过一系列处理后，灼烧得到 SiO_2 沉淀质量为 0.1374 g，则其质量分数为：$w(SiO_2)=(0.1374/0.4538)\times100\%=30.277655354\%$。

上述分析结果共有 11 位数字，从运算来讲，并无错误，但实际上用这样多位数的数字来表示上述分析结果是错误的，它没有反映客观事实，因为所用的分析方法和测量仪器不可能准确到这种程度。那么在分析实验中记录和计算数据时，究竟要准确到什么程度，才符合客观事实呢？这就必须了解"有效数字"的意义。

一、有效数字的意义及位数

有效数字是指在分析工作中实际上能测量到的数字。记录数据和计算结果时究竟应该保留几位数字，需根据测定方法和使用仪器的准确程度来决定。在记录数据和计算结果时，所保留的有效数字中，只有最后一位是可疑的数字。

例如：坩埚质量 18.5734 g，是六位有效数字；标准溶液体积 24.41 mL，是四位有效数字。

由于万分之一的分析天平能称准至±0.0001 g，滴定管的读数能读准至±0.01 mL，故上述坩埚质量应是 18.5734 g±0.0001 g，标准溶液的体积应是 24.41 mL±0.01 mL，因此这些数值的最后一位都是可疑的，这一位数字称为"不定数字"。在分析工作中应当使测定的数值，只有最后一位是可疑的。

有效数字的位数，直接与测定的相对误差有关。例如称得某物体质量为 0.5180 g，它表示该物体实际质量是 0.5180g±0.0001 g，其相对误差为：（±0.0001/0.5180）×100%=±0.02%。如果少取一位有效数字，则表示该物体实际质量是 0.518 g±0.001 g，其相对误差为：（±0.001/0.518）×100%＝±0.2%。表明测量的准确度后者比前者低 10 倍。所以在测量准确度的范围内，有效数字位数越多，测量也越准确。但超过测量准确度的范围，过多的位数是毫无意义的。

必须指出，如果数据中有"0"时，应分析具体情况，然后才能肯定哪些数据中的"0"是有效数字，哪些数据中的"0"不是有效数字。例如：

1.0005	五位有效数字
0.5000；31.05%；6.023	四位有效数字
0.0540；1.86×10^{-5}	三位有效数字
0.0054；0.40%	两位有效数字
0.5；0.002%	一位有效数字

在 1.0005 g 中的三个"0"，0.5000 g 中的后三个"0"，都是有效数字；在 0.0054 g 中的"0"只起定位作用，不是有效数字；在 0.0540 g 中，前面的"0"起定位作用，最后一位"0"是有效数字。同样，这些数值的最后一位数字，都是不定数字。

因此，在记录测量数据和计算结果时，应根据所使用的仪器的准确度，必须使所保留的有效数字中，只有最后一位是"不定数字"。例如，用感量为 0.01g 的台秤称物体的质量，由于仪器本身能准确称到 ±0.01 g，所以物体的质量如果是 10.4 g，就应写成 10.40 g，不能写成 10.4 g。

分析化学中还经常遇到 pH、pC、lgK 等对数值，其有效数字的位数仅取决于小数部分数字的位数，因整数部分只说明该数的方次。例如，pH＝12.68，即[H$^+$]＝2.1×10^{-13}mol/L，其有效数字为两位，而不是四位。

对于非测量所得的数值，如倍数、分数、π、e 等，它们没有不确定性，其有效数字可视为无限多位，根据具体情况来确定。

另外，在乘法和除法中，如果有效数字位数最少的因数的首位数是"8"或"9"，则有效数字可认为比这个因数多取一位。

二、数字修约规则

"四舍六入五留双"。具体的做法是，当尾数≤4 时将其舍去；尾数≥6 时就进一位；如果尾数为 5 而后面的数为 0 时则看前方：前方为奇数就进位，前方为偶数则舍去；当"5"后面还有不是 0 的任何数时，都须向前进一位，无论前方是奇数还是偶数，"0"则以偶数论。如：

$$0.53664 \rightarrow 0.5366$$
$$0.58346 \rightarrow 0.5835$$
$$10.2750 \rightarrow 10.28$$
$$16.4050 \rightarrow 16.40$$
$$27.1850 \rightarrow 27.18$$
$$18.0651 \rightarrow 18.07$$

【注意】进行数字修约时只能一次修约到指定的位数，不能多次修约，否则会得出错误的结果。

三、有效数字的运算规则

1. 加减法

当几个数据相加或相减时，它们的和或差的有效数字的保留，应以小数点后位效最少，即绝对误差最大的数据为依据。例如 0.0121、25.64 及 1.05782 三数相加，若各数最后一位为可疑数字，则 25.64 中的 4 已是可疑数字。因此，三数相加后，第二位小数已属可疑数字，其余两个数据可按规则进行修约、整理到只保留两位小数。因此，0.0121 应写成 0.01；1.05782 应写成 1.06；三者之和为：

$$0.01+25.64+1.06=26.71$$

在大量数据的运算中，为使误差不迅速积累，对参加运算的所有数据，可以多保留一位可疑数字（多保留的这一位数字叫"安全数字"）。如计算 5.2727、0.075、3.7 及 2.12 的总和时，根据上述规则，只应保留一位小数。但在运算中可以多保留一位，故 5.2727 应写成 5.27；0.075 应写成 0.08；2.12 应写成 2.12。因此其和为：

$$5.27+0.08+3.7+2.12=11.17$$

然后再根据修约规则把 11.17 整化成 11.2。

2. 乘除法

几个数据相乘除时，积或商的有效数字的保留，应以其中相对误差最大的那个数，即有效数字位数最少的那个数为依据。例如求 0.0121、25.64 和 1.05782 三数相乘之积。设此三数的最后一位数字为可疑数字，且最后一位数字都有 ±1 的绝对误差，则它们的相对误差分别为：

$$0.0121：\pm 1/121\times 100\%=\pm 0.8\%$$

$$25.64：\pm 1/2564\times 100\%=\pm 0.04\%$$

$$1.05782：\pm 1/105782\times 100\%=\pm 0.0009\%$$

第一个数是三位有效数字，其相对误差最大，以此数据为依据，确定其他数据的位数，即按规则将各数都保留三位有效数字然后相乘：$0.0121\times 25.6\times 1.06=0.328$

若是多保留一位可疑数字时，则 $0.0121\times 25.64\times 1.058=0.3283$，然后再按"四舍六入五留双"规则，将 0.3283 改写成 0.328。

四、有效数字的运算规则在分析化学实验中的应用

（1）据分析仪器和分析方法的准确度正确读取和记录测定值，且只保留一位可疑数字。

（2）在计算结果之前，先根据运算方法确定欲保留的位数，然后按照数字修约规则对各测定值进行修约，先修约，后计算。

（3）分析化学中的计算主要有两大类。一类是各种化学平衡中有关浓度的计算；另一类是计算测定结果，确定其有效数字位数与待测组分在试样中的相对含量有关，一般具体要求如下：对于高含量组分（10%）的测定，四位有效数字；对于中含量组分（1%～10%）的测定，三位有效数字；对于微量组分（<1%）的测定，两位有效数字。

任务三　测量的准确度

准确度、精密度和检出限是评价一个测量方法或一个测量结果可靠程度的重要指标，它们既相互独立又有相互联系，本节先讨论准确度和精密度两个概念。

一、准确度的概念和表示方法

准确度是指测量值与真值的符合程度，准确度越高，说明测量值与真值越接近；反之，说明二者相差较大，它是反映分析方法或测量系统存在的系统误差和偶然误差的综合指标。

准确度通常用误差来表示，误差有绝对误差（E）与相对误差（RE）之分，以$\bar{x}$表示测量值或测量的均值，μ表示真值，则准确度可以表达如下：

$$E = \bar{x} - \mu \tag{1-6}$$

$$RE = \frac{\bar{x} - \mu}{\mu} \times 100\% \tag{1-7}$$

要确定准确度，需要知道真值，但真值往往是未知的，因此严格地说，准确度也是未知的，只能借助统计理论和经验来估计准确度的大小。

在分析测试中，常用测标准物质或以标准物质做回收率测定的方法评价分析方法和测量系统的准确度。

二、精密度的概念和表示方法

精密度是指在相同条件下，同一物理量重复测定值之间的一致程度，即重复性。精密度高低用偏差大小表示，它与测量次数及样品的均匀性、被测物的浓度、仪器、试剂、环境条件等因素有关。精密度反映了分析方法或测量系统所存在偶然误差的大小，有下列表示方法。

1. 极差（R）

极差也称全距，是一组数据极大值与极小值之差，其数学表达式为：

$$R = x_{\max} - x_{\min} \tag{1-8}$$

极差的缺点是不能充分利用数据，但计算简单，目前在处理大量测试数据中，经常用极差来表示数据的波动范围和程度。

2. 偏差

偏差也称残差，是指个别测定值与多次测定平均值之偏离，它分为：

$$\text{绝对偏差 } d_i = x_i - \bar{x} \tag{1-9}$$

$$\text{相对偏差} = \frac{x_i - \bar{x}}{\bar{x}} \times 100\% \tag{1-10}$$

$$\text{平均偏差} = \frac{1}{n} \sum_{i=1}^{n} |x_i - \bar{x}| \tag{1-11}$$

$$\text{相对平均偏差} = \frac{\bar{d}}{\bar{x}} = \frac{\dfrac{1}{n} \sum_{i=1}^{n} |x_i - \bar{x}|}{\bar{x}} \times 100\% \tag{1-12}$$

3. 方差

各测量值偏差的平方和被自由度除得到方差。其表达式如下：

$$\text{总体方差} \sigma^2 = \frac{\sum_{i=1}^{n} (x_i - \bar{x})^2}{n} \tag{1-13}$$

$$\text{样本方差} s^2 = \frac{\sum_{i=1}^{n} (x_i - \bar{x})^2}{n-1} \tag{1-14}$$

4. 标准偏差

由于方差的量纲与 x^2 相同，不能完全说明测量值的波动，故将方差开方使量纲还原。方差的平方根叫作标准偏差或标准差，其表达式为：

$$\text{总体标准偏差} \sigma = \sqrt{\frac{\sum_{i=1}^{n} (x_i - \bar{x})^2}{n}} = \sqrt{\frac{\sum_{i=1}^{n} x^2 - \frac{1}{n} \left(\sum_{i=1}^{n} x \right)^2}{n}} \tag{1-15}$$

$$\text{样本标准偏差} s = \sqrt{\frac{\sum_{i=1}^{n} (x_i - \bar{x})^2}{n-1}} = \sqrt{\frac{\sum_{i=1}^{n} x^2 - \frac{1}{n} \left(\sum_{i=1}^{n} x \right)^2}{n-1}} \tag{1-16}$$

方差和标准差考虑到每个变量值与均值的差距，而且是差方和，能反映出较大偏差的存在。两组测量值在单位相同、均数相近的条件下，标准差较大，说明测量值的变异程度较大，均值的代表性较差；反之，则表明测量值的变异程度较小，均值的代表性较好。

5. 样本相对标准偏差 *RSD*

样本相对标准偏差又称变异系数（*CV*），是样本标准差在样本均值中所占的百分数，其表达式如下：

$$RSD=\frac{s}{\bar{x}}\times100\%\qquad(1\text{-}17)$$

$$或 CV=\frac{s}{\bar{x}}\times100\%\qquad(1\text{-}18)$$

同标准差一样，相对标准偏差愈小，说明测量值的变异程度愈小，精密度愈高。

当两组测量值单位不同，或两均数相差较大时，不能直接用标准偏差比较其变异程度的大小，这时可用样本的相对标准偏差即变异系数来表示。

三、精确度

精确度指无穷多次重复测量所得量值的平均值与一个参考量值真值的一致程度。在一组测量中，精密度高的准确度不一定高，准确度高的精密度一定高，但精确度高，则精密度和准确度都高。为了说明精密度与准确度的区别，可用下述打靶子例子来说明，如图 1-1 所示。

图 1-1（a）中表示精密度和准确度都很好，则精确度高；图 1-1（b）表示精密度很好，但准确度却不高；图 1-1（c）表示准确度好而精密度不好；图 1-1（d）表示精密度与准确度都不好。在实际测量中没有像靶心那样明确的真值，而是设法去测定这个未知的真值。

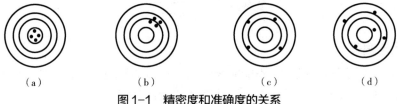

（a）　　　　　　（b）　　　　　　（c）　　　　　　（d）

图 1-1　精密度和准确度的关系

可见，准确度高精密度一定高，精密度是保证准确度的前提；精密度好，准确度不一定好，可能有系统误差存在；精密度不好，衡量准确度无意义；在确定消除了系统误差的前提下，精密度可表达准确度；准确度及精密度都高说明结果可靠。

任务四　测量统计基础

一、正态分布

根据前面叙述已知，测量过程中的系统误差，可以根据其来源有针对性地给予减弱甚至消除，但偶然误差却不可避免地存在。这种误差初看起来似乎捉摸不定，可是经大量的观察实践发现，当测量次数很多时，偶然误差的分布符合正态分布规律。

为了说明偶然误差的分布规律，可借用某实验室对一种溶液测定吸光度的 60 个数据进行处理，并假定已消除了系统误差。原始数据列于表 1-1，这些未经整理的数据是杂乱无章的，看不出误差分布的规律。但是把这些数据按从小到大的顺序排列后，重新列于表 1-2，再进一步观察。

从表 1-2 可以看出，测量的数据密集在一个较小的范围内，即 0.454～0.458 的范围内，特别是 0.456 附近。再把这些有秩序的数值从最小的边界值到最大的边界值以 0.0040 为间隔分成若干组，并统计出在每组的范围内数值出现的次数（频数），以及相对频数（该组范围内出现的次数除以总次数）列成表 1-3。

表1-1 没有处理过的吸光度读数

序号	吸光度	序号	吸光度	序号	吸光度	序号	吸光度
1	0.458	16	0.454	31	0.456	46	0.454
2	0.450	17	0.456	32	0.453	47	0.453
3	0.465	18	0.441	33	0.451	48	0.458
4	0.452	19	0.457	34	0.462	49	0.457
5	0.452	20	0.459	35	0.451	50	0.456
6	0.447	21	0.462	36	0.469	51	0.455
7	0.459	22	0.450	37	0.458	52	0.460
8	0.451	23	0.454	38	0.448	53	0.456
9	0.446	24	0.446	39	0.456	54	0.463
10	0.467	25	0.464	40	0.454	55	0.457
11	0.452	26	0.461	41	0.450	56	0.456
12	0.463	27	0.463	42	0.455	57	0.457
13	0.456	28	0.457	43	0.456	58	0.453
14	0.456	29	0.460	44	0.456	59	0.455
15	0.449	30	0.451	45	0.459	60	0.453

表1-2 依次排列的吸光度读数

序号	吸光度	序号	吸光度	序号	吸光度	序号	吸光度
1	0.441	6	0.449	11	0.451	16	0.452
2	0.446	7	0.450	12	0.451	17	0.453
3	0.446	8	0.450	13	0.451	18	0.453
4	0.447	9	0.450	14	0.452	19	0.453
5	0.448	10	0.451	15	0.452	20	0.453

续表

序号	吸光度	序号	吸光度	序号	吸光度	序号	吸光度
21	0.454	31	0.456	41	0.457	51	0.461
22	0.454	32	0.456	42	0.457	52	0.462
23	0.454	33	0.456	43	0.458	53	0.462
24	0.454	34	0.456	44	0.458	54	0.463
25	0.455	35	0.456	45	0.458	55	0.463
26	0.455	36	0.456	46	0.459	56	0.463
27	0.455	37	0.456	47	0.459	57	0.464
28	0.456	38	0.457	48	0.459	58	0.465
29	0.456	39	0.457	49	0.460	59	0.467
30	0.456	40	0.457	50	0.460	60	0.469

表1-3　吸光度数据的整理

组的范围	中心值	频数	相对频数
0.4405～0.4445	0.4425	1	0.0167
0.4445～0.4485	0.4465	3	0.05
0.4485～0.4525	0.4505	12	0.2
0.4525～0.4565	0.4545	21	0.35
0.4565～0.4605	0.4585	13	0.2167
0.4605～0.4645	0.4625	7	0.1167
0.4645～0.4685	0.4665	2	0.0333
0.4685～0.4725	0.4705	1	0.0167

最后以吸光度值 A 为横坐标，以每组范围出现的相对频数为纵坐标，绘制出所测吸光度的分布情况，如图1-2所示。该图反映了一个有限次数测量值的误差分布规律，从这个曲线可以看出它具有一定的对称性。如果将测量向着无限次数展开，并将每组的取值范围无限缩小，则可以得出一条理想对称曲线，该曲线就是误差的正态分布曲线，它表示同一实验无限次数测量的偶然误差分布规律，如图1-3所示。由于该曲线符合正态分布，故能用正态分布的数学方程 $f(x)=\dfrac{1}{\sigma\sqrt{2\pi}}\mathrm{e}^{\frac{(x-\mu)^2}{2\sigma^2}}$ 来描述，记为 $N(\mu,\sigma)$。

在无限次的测量中，总体平均值 μ 即可认为是真值，它表示样本值的集中趋势。σ 是正态分布的标准差，它表示样本值的离散特征，σ 愈大，曲线愈"矮胖"，样本值愈分散；

σ 愈小，曲线愈"瘦高"，测量值愈集中。因此，σ 反映了测量的精密度，有了 μ 和 σ 两个参数，就可把正态分布完全确定下来，也就确定了测量的偶然误差分布规律。从图 1-3 中还可以看出：

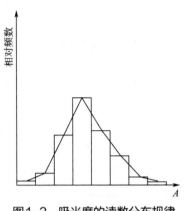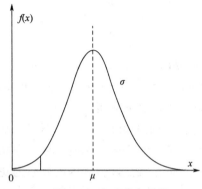

图 1-2　吸光度的读数分布规律　　　　　　图 1-3　正态分布曲线

（1）偏离 μ 值小（即误差小）的测量值，出现的概率大；偏离 μ 值大（即误差大）的测量值，出现的概率小，偏离愈大，出现的概率愈小，曲线的两端与横轴愈接近，最后几乎与之相切。

（2）曲线是对称的，说明正负误差出现的概率几乎是相等的，因此偶然误差具有抵偿性的特点。

为了准确地用数字说明测量值的可靠程度，通常需要对正态分布的概率密度函数进行积分处理，以求出测量值落在任意大小范围内的概率。

对于 $\mu=0$，$\sigma=1$ 的正态分布，称为标准正态分布，记为 $N(0，1)$，其累计分布函数为：

$$N(x)=\int_{-\infty}^{x} f(x)\mathrm{d}x=\int_{-\infty}^{x} \frac{1}{\sqrt{2\pi}}\mathrm{e}^{-\frac{x^2}{2}}\mathrm{d}x$$

该式不好积分，只能根据近似公式计算，或直接利用别人已计算好的累计正态分布表查得每一个 x 对应的函数值。

对于一般的正态分布 $N(\mu，\sigma)$，可通过变量转换，转化为标准正态分布，然后再利用上述方法求出其累计正态分布，具体方法是：将横坐标平移 μ，并以 σ 为单位，即 $u=\dfrac{x-\mu}{\sigma}$。于是

$$N(x)=\int_{-\infty}^{x} f(x)\mathrm{d}x=\int_{-\infty}^{x} \frac{1}{\sqrt{2\pi}}\mathrm{e}^{-\frac{x^2}{2}}\mathrm{d}x$$

因为 $u=\dfrac{x-\mu}{\sigma}$，所以 $\mathrm{d}x=\sigma\mathrm{d}u$，将其一并代入上式得：

$$N(x)=\int_{-\infty}^{u}\frac{1}{\sigma\sqrt{2\pi}}e^{-\frac{u^2}{2}}\sigma du=\int_{-\infty}^{u}\frac{1}{\sqrt{2\pi}}e^{-\frac{u^2}{2}}du$$

如果需要求正态分布 $N(\mu,\sigma)$ 在任意区间（$a\leqslant x\leqslant b$）的概率，首先根据 $u=\frac{x-\mu}{\sigma}$ 将变量转换，然后利用下述方法计算：

$$p(a\leqslant x\leqslant b)=P\left(\frac{a-\mu}{\sigma}\leqslant u\leqslant\frac{b-\mu}{\sigma}\right)=N\left(\frac{b-\mu}{\sigma}\right)-N\left(\frac{a-\mu}{\sigma}\right)$$

例如：$P(\mu-\sigma\leqslant x\leqslant\mu+\sigma)=P(-1\leqslant u\leqslant1)=N(1)-N(-1)=0.8413-0.1587=0.6826$，即 x 值落在 $\mu\pm\sigma$ 范围内的概率为68.26%。类似地求出：

x 值落在 $\mu\pm0.67\sigma$ 范围内的概率为50.00%；

x 值落在 $\mu\pm1.64\sigma$ 范围内的概率为90.00%；

x 值落在 $\mu\pm1.96\sigma$ 范围内的概率为95.00%；

x 值落在 $\mu\pm2.58\sigma$ 范围内的概率为99.00%；

x 值落在 $\mu\pm3.39\sigma$ 范围内的概率为99.90%。

二、t分布（学生氏分布）

通常在实验室所做的测试工作都是从被测对象中抽取一小部分试样测试，属小样本试验，通过小样本观测不能求得总体均值 μ 和总体标准偏差 σ，而只能求出样本的平均值 $\bar{x}$ 和样本平均值的标准偏差 $s_{\bar{x}}$。如果直接用 $\bar{x}$ 代替x，用 $s_{\bar{x}}$ 代替 σ，以正态分布为基础进行统计推断会导出错误的结论，针对这种情况，爱尔兰化学家戈塞特加以修正，提出 t 分布（图1-4）。

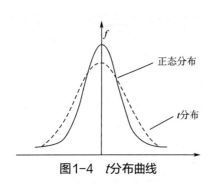

图1-4　t分布曲线

在正态分布中，$N(\mu,\sigma)$经过 $u=\frac{x-\mu}{\sigma}$ 变换，转换为标准正态分布 $N(0,1)$。

类似地，在小样本试验中，以$\bar{x}$代替x，用$s_{\bar{x}}$代替 σ，可以得到$t=\frac{\bar{x}-\mu}{s_{\bar{x}}}$。$t$ 分布是对称分布，曲线形状类似于正态分布，对称中线 $t=0$，曲线中间比正态分布低，两边比正态分布略高。它的形状随自由度 f 而变，f 越大，t 分布越逼近正态分布曲线，当$f=\infty$时，t 分布即变为正态分布。因此，对于 t 分布，即使概率相同，若自由度不同，t 值也不相同。一般 t 值分布表都是通过显著水平 α（而不是置信水平 $1-\alpha$）和自由度 f 来查找临界 t 值（$t_{\alpha,f}$）。具体 t 值分布表见附录一。

样本平均值的标准偏差 $s_{\bar{x}}$ 与样本标准偏差 s 的关系是：$s_{\bar{x}}=\frac{s}{\sqrt{n}}$

由图 1-5 可知 $s_{\bar{x}}$ 随测量次数 n 的增大而减小，故增加测量次数 n 可使样本平均值 $\bar{x}$ 的再现性提高，相对总体均值的误差也越来越小，即样本的平均值 $\bar{x}$ 越接近总体平均值 μ。但开始时，$s_{\bar{x}}$ 随 n 增大而减小的速度很快，到 $n=4$ 或 $n=5$ 时减小速度开始变慢，$n>10$ 以后，$s_{\bar{x}}$ 随 n 的变化实际上已不是很明显，而且相同条件下重复测试并不能消除系统误差，因此，一系列等精度重复测量的次数 n 通常取 4～5 就够了。

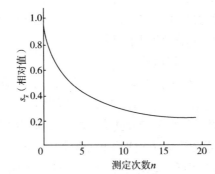

图1-5　测量次数与样本平均值偏差关系曲线

习题

一、填空题

1. 测量误差按性质分为_____误差、_____误差和_____误差，相应的处理手段为_____、_____和_____。

2. 偶然误差的统计特性为_____、_____、_____和_____。

3. 用测角仪测得某矩形的四个角内角和为 360°00′04″，则测量的绝对误差为_____，相对误差_____。

4. 在实际测量中通常以被测量的_____、_____、_____作为约定真值。

5. 测量结果的重复性条件包括：_____、_____、_____、_____、_____。

6. 一个标称值为 5g 的砝码，经高一等标准砝码检定，已知其误差为 0.1mg，问该砝码的实际质量是_____。

7. 根据误差的性质与产生的原因，误差一般分为_____和_____。

8. 系统误差是由某种_____的因素所造成的误差，它具有_____性。即正负、大小都有一定的规律性。系统误差又称_____。

9. 系统误差不影响测定结果的_____，但能影响测定结果的_____。

10. 系统误差包括_____、_____、_____、_____。

二、计算题

1. 某铁矿石中磷含量的测定结果为：0.057%、0.056%、0.057%、0.058%、0.055%。试求算术平均值和标准偏差。

2. 将下列数据保留四位有效数字：3.1459，136653，2.33050，2.7500，2.77447。

3. 今欲测量大约8kPa(表压)的空气压力，试验仪表分别用：①1.5级，量程0.2MPa的弹簧管式压力表；②标尺分度为1mm的U形管水银柱压差计；③标尺分度为1mm的U形管水柱压差计。求最大绝对误差和相对误差。

4. 在用发酵法生产赖氨酸的过程中，对产酸率（%）做6次测定。样本测定值为：3.48%，3.37%，3.47%，3.38%，3.40%，3.43%，求该组数据的算术平均值、标准差s、总体标准差σ、样本方差s^2、总体方差σ^2、算术平均误差Δ和极差R。

5. 在容量分析中，计算组分含量的公式为$W=Vc$，其中V是滴定时消耗滴定液的体积，c是滴定液的浓度。现用浓度为（1.000 ± 0.001）mg/mL的标准溶液滴定某试液，滴定时消耗滴定液的体积为（20.00 ± 0.02）mL，试求滴定结果的绝对误差和相对误差。

6. 测某一温度值15次，测得值如下（单位：℃）：

20.53，20.52，20.50，20.52，20.53，20.53，20.50，20.49，20.49，20.51，20.53，20.52，20.49，20.40，20.50，已知温度计的系统误差为−0.05℃，除此以外不再含有其他的系统误差，试判断该测量值是否含有粗大误差。要求置信概率P=99.73%，求温度的测量结果。

三、问答题

1. 何谓量的真值？它有哪些特点？实际测量中如何确定？

2. 比较真误差与残余误差的概念。

3. 什么是测量误差？误差有哪几种类型？有什么表示方法？表征测量结果质量的指标有哪些？

项目二

统计推断

任务一 测量结果的区间估计

一、总体和个体

某项研究对象的全体称为总体，其中的一个单位称为个体。例如，研究某稳定均匀样品在一定条件下的测定值时，其测定值的全体就是一个总体，而每个测定值都是一个个体。当研究的对象改变时，总体和个体也随之改变。

二、样本和样本容量

总体的一部分称为样本。例如，某稳定均匀样品在一定条件下的 11 次测定值，就是从该条件下的测定值总体中抽取的样本。样本中所含个体的数目，称为样本容量。

三、统计量

样本的函数称为统计量。在数理统计中常用的统计量有样本的均值 $\bar{x}$、方差 s^2、标准偏差 s，以及转化变形而来的 u 值、t 值等。

四、区间估计

实际的研究工作，不可能对研究对象的全体进行全部测试（否则工作量太大，更有甚者，对于有损测试，测试完后，研究对象全部报废），通常的做法是，根据采样原则从研究对象全体中有代表性地抽取局部样本，对样本进行有限次数的测试，然后根据对样本的测试结果推断、估计研究对象。最常用的是用样本均值 $\bar{x}$ 及样本方差 s^2 估计总体均值 μ 和总体方差 σ^2。由于各种误差的存在，样本均值 $\bar{x}$ 及样本方差 s^2 不会正好等于总体均值 μ 和总体方差 σ^2。因此，直接用一个样本值来表示测试数据的总体参数（点估计）是不合适的。弥补点估计的上述误差，使总体参数估计的结论更全面、更确切，通常采用区间估计的方法表示总体参数。

所谓区间估计，就是用数理统计的方法对总体参数下这样一个结论，有多大概率估计总体参数，落在一个多大范围之间。

五、置信区间

进行区间估计时，如以一定的概率估计总体参数落在某个区间范围之中，则这一区间就是总体参数的置信区间。置信区间的端点称为置信限，它是总体参数不会逾越的界限。

进行区间估计时，总体参数落在置信区间内的概率，称为置信水平（或置信度、置信概率），通常用 $1-\alpha$ 表示。α 为一很小的概率，称为显著性水平（或危险率）。

置信水平的确定不是一个单纯的数学问题。置信水平与置信区间互相联系、互相影响，置信水平取得大，估计的可靠性大，但置信区间也大，如果置信区间过大，估计精度就差，反而没有实用价值，甚至造成浪费。例如，以 100% 的置信水平估计总体均值，其置信区间为（$-\infty\sim+\infty$），这样的估计显然没有实际意义。因此，应根据专业知识、实际经验以及被研究对象的性质确定置信水平。在分析测试中常用的置信水平为 0.95，根据不同情况有时也用 0.90 和 0.99，其相应的显著性水平为 0.05、0.10 和 0.01。

在一定显著性水平下，与置信限相对应的统计量称为显著性水平为 α 时的临界值，如 u_α、t_α、f_α 等，可通过相应的临界值表查得。

1. 总体平均值的置信区间

假设观测值的总体服从正态分布 $N(\mu, \sigma^2)$，进行有限次数观测的小样本试验时，符合 t 分布。

如果对研究对象进行 n 次测试（即样容量为 n），测试结果为 x_1，x_2，…，x_n，则样本均值为 $\bar{x}=\dfrac{1}{n}\sum_{i=1}^{n}x_i$，样本标准偏差为

$$s=\sqrt{\dfrac{\sum\limits_{i=1}^{n}x_i^2-\dfrac{1}{n}\left(\sum\limits_{i=1}^{n}x_i\right)^2}{n-1}}$$

样本均值标准偏差 $s_{\bar{x}}=\dfrac{s}{\sqrt{n}}$

自由度 $f=n-1$

如果确定置信水平为 $1-\alpha$，则可根据 α、f 从 t 表中查出 t 临界值 $t_{\alpha,f}$。

由 $t=\dfrac{\overline{x}-\mu}{s_{\overline{x}}}$ 知，样本均值 $\overline{x}$ 与总体均值 μ 的最大差值为 $\pm s_{\overline{x}}t_{\alpha,f}$，故 μ 应落在以 $\overline{x}$ 为中心的 $\pm s_{\overline{x}}t_{\alpha,f}$ 区间内，所以总体平均值 μ 的置信区间可表达如下

$$\mu=\overline{x}\pm s_{\overline{x}}t_{\alpha,f} \qquad (2-1)$$

式（2-1）的概率意义是，真值（总体平均值）μ 落在以 $\overline{x}$ 为中心的 $\pm s_{\overline{x}}t_{\alpha,f}$ 的区间内的概率为 $1-\alpha$。

$$P[(\overline{x}-s_{\overline{x}}t_{\alpha,f})<\mu<(\overline{x}+s_{\overline{x}}t_{\alpha,f})]=1-\alpha \qquad (2-2)$$

区间 $(\overline{x}-s_{\overline{x}}t_{\alpha,f}, \overline{x}+s_{\overline{x}}t_{\alpha,f})$ 即为真值 μ 的置信区间，$s_{\overline{x}}t_{\alpha,f}$ 称为偶然误差的误差限，又称估计精度。

总体平均值的置信区间有双侧和单侧置信区间之分，式（2-1）为双侧置信区间，单侧置信区间 $\overline{x}-s_{x}t_{\alpha,f}$，或 $\overline{x}+s_{\overline{x}}t_{\alpha,f}$ 的意义是总体平均值 $\mu>\overline{x}-s_{x}t_{\alpha,f}$，或者 $\mu<\overline{x}+s_{\overline{x}}t_{\alpha,f}$ 的概率为 $1-\alpha$。

【例2-1】对某一污染区土壤中的砷进行监测，取样 9 个，测量值分别为 22.8mg/kg，20.8mg/kg，21.8mg/kg，21.7mg/kg，19.2mg/kg，18.7mg/kg，19.0mg/kg，23.5mg/kg，20.2mg/kg。试对总体均值作区间估计（经检验，测量值中不含异常值）。

解： 样本均值 $\overline{x}=\dfrac{1}{n}\sum\limits_{i=1}^{n}x_{i}=20.86$mg/kg

样本标准偏差 $s=1.72$ mg/kg

样本均值标准偏差

$$s_{\overline{x}}=\frac{s}{\sqrt{n}}=\frac{1.9}{\sqrt{9}}=0.57\text{mg/kg}$$

确定置信水平

$$1-\alpha=0.95$$

查表得 $t_{0.05,8}=2.31$

将上述参数代入式（2-1）

$$\mu=\overline{x}\pm s_{\overline{x}}t_{\alpha,f}=20.86\pm0.57\times2.31=20.86\pm1.32$$

结论： 在 95% 置信概率下，该污染区土壤中砷的总体均值的置信区间为 19.54～22.18mg/kg。

2.个体的容许区间

假设观测值是来自正态分布的同一总体，那么在实际工作中往往还需要估计观测结

果总体中的个体应在的区间和界限，称作个体（或单个观测值）的容许区间和容许限，以 TL 表示个体的容许区间，则其表达式如下：

$$TL = \overline{x} \pm t_{\alpha,f}s$$

式中，$\overline{x}$ 为观测值的平均值；s 为标准偏差。

【例2-2】引用【例2-1】的数据，经统计检验无异常值，试求单个测量值的容许区间，给定置信水平95%。

解： 已知 $\overline{x}$ =20.86 mg/kg，s =1.72 mg/kg，

n=9，置信水平 $1-\alpha$

查表得 $t_{0.05,8}$=2.31

$TL = \overline{x} \pm t_{\alpha,f}s = 20.86 \pm 1.72 \times 2.31 = 20.86 \pm 3.97$

此结果的意义是总体中单个测量值落在 16.89～24.83mg/kg 区间内的置信概率为 95%。

对以上两例进一步分析可知，在同样条件下，由于偶然误差的影响，单个观测值的跳跃性较大（上例中变化幅度为 2×3.97）；而多次观测值的平均值（即样本均值），由于偶然误差的抵偿性而跳跃性减小，向真值逼近（上例中变化幅度为 2×1.32）。所以适当增加实验次数，有利于提高测试结果的准确度。

任务二　假设检验的基本思想和方法

一、假设检验的基本思想

假设检验用于检验测试结果的差异有没有超过测试过程中不可避免的偶然误差所造成的数据变动，如果测试差异超过偶然误差的变动水平，则说明测试数据不是来源于同一整体，或者说测试过程中存在系统误差。

假设检验属于统计检验的一种，它只能根据测试数据，经过统计运算，推断出一定置信概率下的结论。在检验之前，首先假设测试结果的这些差别只是由抽样测试过程中随机因素所引起的，即假设相比较的两个总体参数 $\mu_1 = \mu_2$，该假设称为原假设 H_0；而与之相对应的不相容假设 $\mu_1 \neq \mu_2$，叫作备择假设 H_A。在做假设之后，就要对测试数据进行统计运算，根据测试数据的离散水平求出这些测试资料的统计参数，然后检查这些资料的参数，看看是否和原假设所提出的有关总体参数结果相符，如果两者之间很符合，则肯定原假设；如果不符合，就要否定它，即推断原假设是错误的，因而肯定其备择假设，从而得出

结论。

假设检验采用的判断依据，是一个在实践中广泛应用的概率原则——"小概率事件的原理"，其内容为"小概率事件在一次抽样试验中，可以认为基本上不会发生（并非绝对不发生，但其概率很小）"。也就是说，小概率事件实际上是不会发生的，如果它发生，就判断异常情况出现。为了便于理解，下面用图 2-1 来说明。

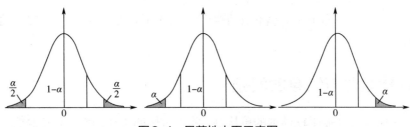

图 2-1　显著性水平示意图

当原假设为真时，两测量均值来自同一总体，符合正态分布或 t 分布等对称性分布，因而无系统误差亦即无实质性差别时，统计量落入拒绝域（图 2-1 中曲线下 α 所取的范围）的可能性很小。如果由样本值计算的统计量落到了拒绝域，就认为这是一个小概率事件，根据小概率事件在一次抽样试验中基本上不可能发生的原理，有理由拒绝原假设。这个拒绝域的面积是一个很小的概率，称为显著性水平，用 α 表示，它表示要拒绝原假设所犯错误的概率有多大；与之相对应的是（$1-\alpha$），称为置信水平，它表示可以有多大把握拒绝原假设。一般 α 值取 0.05 和 0.01，也有取 0.1 和 0.00 的，α 取值大小是根据检验的不同要求而确定的。

二、假设检验的方法和步骤

具体检验时按下述步骤操作。

（1）根据实际需要提出原假设 H_0，同时得到备择假设 H_A，并指明是单侧检验还是双侧检验。如假设样本是从该总体中随机抽取，与总体的差别仅由偶然误差造成，或假设两组样本属于同一正态总体。拒绝域的单侧、双侧与备择假设之间的对应关系如表 2-1 所示。

表 2-1　拒绝域的单、双侧与备择假设之间的对应关系

拒绝域位置	原假设	备择假设
双侧	H_0：$\mu=\mu_0$ 或 $\mu_1=\mu_2$	H_1：$\mu\neq\mu_0$ 或 $\mu_1\neq\mu_2$
左单侧	H_0：$\mu\geqslant\mu_0$（不可能有 $\mu>\mu_0$ 时，H_0：$\mu=\mu_0$）	H_1：$\mu<\mu_0$
右单侧	H_0：$\mu\leqslant\mu_0$（不可能有 $\mu<\mu_0$ 时，H_0：$\mu=\mu_0$）	H_1：$\mu>\mu_0$

（2）根据统计假设确定一个合适的统计量函数式，然后代入样本值，计算出该统计量的值。如 u 值或 t 值等。

（3）选定显著性水平 α，从相应的统计表中查出其临界值。

（4）判断：比较统计量的计算值与临界值的大小，作出统计推断。当统计量的计算值＜临界值时，则根据样本信息，没有理由拒绝原假设，所以只能在显著性水平 α 条件下不拒绝原假设 H_0，即样本与总体或两样本间无显著性差异；当统计量的计算值＞临界值时，则否定原假设，α 取 0.05，置信水平为（$1-\alpha$）时，就可以说，有 95% 的把握认为存在显著性差异。

三、统计检验时应注意的问题

（1）首先应考虑到被比较样本的可比性，除了对比的主要因素外，其他能影响观测的所有条件应尽可能相同或基本相同。

（2）当所比较的均值之差无实际意义时，一般不必进行显著性检验。

（3）根据资料特点和分析目的，选用显著性检验方法，应注意每种显著性检验方法的适用条件，如检验两样本均值的差别应用 t 检验时，其适用条件是两样本的方差不能相差太大。

（4）根据检验目的使用双侧检验或单侧检验。如果只关心总体均值 μ 是否等于已知 μ_0，至于二者究竟哪个大，对所研究的问题并不重要，这种情况的原假设为 $\mu=\mu_0$，备择假设为 $\mu\neq\mu_0$，此时应做双侧检验；有些时候，需要专门研究 μ 是否显著大于（或小于）μ_0，这种情况的原假设为 $\mu\leqslant\mu_0$（或 $\mu\geqslant\mu_0$），此时则应采用单侧检验。

对称分布中（如 t 分布），单侧和双侧的关系是：单侧的 $t=0.025$ 相当于双侧的 $t=0.05$，故单侧检验比双侧检验更易得出有显著差别的结论。

（5）判断结果不能绝对化。例如，在判断差别有无显著性时，是按一定的显著性水平 α 而接受或拒绝原假设 H_0 的，当统计量的计算值大于由表中查得的 α 下的临界值时，就拒绝原假设，其根据是原假设成立而由偶然误差造成如此大差别的概率很小，几乎不可能发生，但并非原假设绝对不成立，因此，有可能将偶然误差的极端表现当作系统差异而得出错误结论（统计检验中称为第 I 类错误，弃真错误），α 越小犯这种错误的概率越小；当统计量的计算值小于由表中查得的 α 下的临界值时，不拒绝原假设，习惯上把"不拒绝"当成"接受"，而在逻辑上这两者是有差别的，当其他因素造成的差异小于偶然误差的极端表现时，就会因接受原假设而得出不正确的结论（统计检验中称为第 II 类错误，存伪错误），α 越小，犯这种错误的概率越大。所以，选取 α 大小时应充分考虑这两类错误的影响哪个更重要，α 不能随意选取，通常，显著性水平 α 定为 0.05 较为合适。此外，增大样本容量可同时减少两类错误。

任务三　分析测试中常用的统计检验

一、单个总体平均值的假设检验

1. 总体方差已知或大样本——u检验法

设样本的总体遵从正态分布 $N(\mu,\sigma^2)$，其中 σ^2 为已知，或 σ^2 未知但是大样本（$n \geqslant 30$），则采用 u 检验法，统计量 u 的计算公式如下。

σ 已知：

$$u=\frac{|\bar{x}-\mu_0|}{\sigma/\sqrt{n}} \tag{2-3}$$

σ 未知但 $n \geqslant 30$：

$$u=\frac{|\bar{x}-\mu_0|}{s/\sqrt{n}} \tag{2-4}$$

【例2-3】某标准物质 A 组分的浓度为 4.47μg/g。现以某方法测定 A 组分，其 5 次测定值分别为 4.28μg/g、4.40μg/g、4.42μg/g、4.37μg/g、4.35μg/g。若该方法相应水平的总体标准偏差 σ=0.108μg/g，试问测定中是否存在系统误差？

解： 本例总体标准差已知，故采用 u 检验法。

① 原假设 H_0：$\mu \leqslant \mu_0$（μ_0=4.47）

备择假设 H_A：$\mu \neq \mu_0$，双侧检验。

② 计算统计量 u 值：

$$\bar{x}=\frac{1}{n}\sum_{i=1}^{n}x_i=4.364$$

$$u=\frac{|\bar{x}-\mu_0|}{\dfrac{\sigma}{\sqrt{n}}}$$

$$u=\frac{|\bar{x}-\mu_0|}{\dfrac{\sigma}{\sqrt{n}}}=\frac{|4.364-4.47|}{\dfrac{0.108}{\sqrt{5}}}=2.19$$

③ 定显著性水平 α=0.05，查临界值 u 值。

u 值表，见附录一（t 分布表）的最下面一行，即自由度 f 为 ∞ 的一行（f=∞ 时，t 分布变为正态分布），查得 $u_{0.05}$=1.96。

④ 判断：因为 $u > u_{0.05}$，故差异显著，拒绝原假设接受备择假设，即 $\mu \neq 4.47$μg/g，测定中存在系统误差。

【例2-4】对某区粮食中六六六的残留量进行调查，随机抽取36个样品进行测定。将测得的36个数据初步处理得，平均值$\bar{x}$=0.315mg/kg，标准差s=0.068 mg/kg。按国家食品卫生标准粮食中六六六残留量≤0.3 mg/kg，问该地区粮食中六六六残留量是否超标？

解：本例总体标准差未知，但为大样本，故采用u检验法。

① 原假设H_0：$\mu \leqslant \mu_0$（μ_0=0.3）

备择假设H_A：$\mu > \mu_0$，单侧检验。

② 计算统计量u值：

$$u = \frac{|\bar{x} - \mu_0|}{s / \sqrt{n}} = \frac{|0.315 - 0.3|}{0.068 / \sqrt{36}} = 1.32$$

③ 确定显著性水平α=0.05，查临界值u值。

因附录一为双侧分布表，本例为单侧检验，故查表α=0.1，$u_{0.1}$=1.65。

④ 判断：因为$u < u_{0.1}$，故差异不显著，接受原假设，即可以认为该地区粮食中六六六残留无明显超标。

2. 总体方差未知，且是小样本—— t检验法

实验室的日常测试工作中，大都是小样本观测，而且测量值的总体方差是未知的，通常用样本方差s^2来估计总体方差σ^2，在此情况下应该采用t检验。

设观测值的总体遵从正态分布$N(\mu, \sigma^2)$，其中σ^2未知，$x_1, x_2, \cdots, x_n$为来自总体的一组样本观测值，样本均值为$\bar{x}$，样本方差为s^2。当μ_0为一已知值时，总体均值与μ_0相等的检验可采用t检验，统计量t可由下式求得：

$$t = \frac{|\bar{x} - \mu_0|}{s / \sqrt{n}} \tag{2-5}$$

【例2-5】在水质分析质量控制中，测定控制样品中总铬的含量，10次测定值为0.875mg/L，0.930mg/L，0.920mg/L，0.880mg/L，0.880mg/L，0.895mg/L，1.006mg/L，0.992mg/L，1.010mg/L，1.014mg/L。均值为0.9402mg/L，而保证值为0.902mg/L。试问测定值与保证值之间有无显著性差异（即有无系统误差存在）。

解：两样本来自同一总体，则测定的平均值与保证值不应有显著性差异，如有显著差异，则说明该实验存在系统误差，判断的目的是要说明测定值是否与保证值一致，至于是正误差还是负误差则无关紧要，故本例采取双侧检验。

① 原假设H_0：$\mu = \mu_0$（μ_0=0.902）

备择假设H_A：$\mu \neq \mu_0$，双侧检验。

② 从样本计算统计量t，

已知n=10，$\bar{x} = \frac{1}{n} \sum_{i=1}^{n} x_i = 0.9402$，

$$s=\sqrt{\dfrac{\sum\limits_{i=1}^{n}(x_i-\overline{x})^2}{n-1}}=0.059$$

$$t=\dfrac{|\overline{x}-\mu_0|}{s/\sqrt{n}}=\dfrac{|0.9402-0.902|}{0.059/\sqrt{10}}=2.05$$

③ 确定显著性水平 $\alpha=0.05$，查临界值 t 值表（见附录一），$\alpha=0.05$，自由度 $f=n-1=9$ 的临界值 t 值为 $t_{0.05,9}=2.26$。

④ 判断：本例 $t<t_{0.05,9}$，故接受原假设，可以认为测量结果与保证值无显著性差异，之间的差异可能是由随机误差造成的。

二、两总体的均值相等或两总体均值之差等于一已知值的统计检验

这类检验经常用以比较两种不同采样、分析仪器的性能差异，以及实验测试中，不同实验室、不同人员、不同条件测试的结果是否存在差异，或差异是否等于已知值 d。在实际问题中，最常遇到的是 $d=0$ 的情况，即要检验的假设是两总体平均值相等。根据总体方差已知或未知，可分为 u 检验和 t 检验两种。

1.两总体方差 σ_1^2，σ_2^2 已知——u检验法

设两组测量值的总体分别遵从正态分布 $N(\mu_1,\sigma_1^2)$ 和 $N(\mu_2,\sigma_2^2)$，其中 σ_1^2 和 σ_2^2 为已知值，两组测量值的样本容量为 n_1 和 n_2，样本均值为 $\overline{x}_1$ 和 $\overline{x}_2$。当 d 为一已知常数，对 $\mu_1-\mu_2=d$ 进行统计检验时，因为两组测量值的误差影响都要考虑，所以统计量 u 的计算与前面的有所不同，具体计算式为：

$$u=\dfrac{|\overline{x}_1-\overline{x}_2-d|}{\sqrt{\dfrac{\sigma_1^2}{n_1}+\dfrac{\sigma_2^2}{n_2}}} \tag{2-6}$$

2. 两总体方差 σ_1^2，σ_2^2 未知但相等——t检验

设两组测量值的总体分别遵从正态分布 $N(\mu_1,\sigma_1^2)$ 和 $N(\mu_2,\sigma_2^2)$，其中 σ_1^2 和 σ_2^2 为未知值，两组测量值的样本容量为 n_1 和 n_2，样本均值为 $\overline{x}_1$ 和 $\overline{x}_2$。当 d 为一已知常数，对 $\mu_1-\mu_2=d$ 进行统计检验时，因为两组测量值的误差影响都要考虑，所以应先将两组标准偏差和自由度进行合并，然后再计算统计量 t，合并标准偏差 s、自由度 f 和计算统计量 t 的计算公式如下：

$$s=\sqrt{\dfrac{\sum\limits_{i=1}^{n_1}(x_i-\overline{x}_1)^2+\sum\limits_{j=1}^{n_2}(x_j-\overline{x}_2)^2}{(n_1-1)+(n_2-1)}}=\sqrt{\dfrac{(n_1-1)s_1^2+(n_2-1)s_2^2}{n_1+n_2-2}} \tag{2-7}$$

$$f = n_1 + n_2 \tag{2-8}$$

$$t = \frac{|\overline{x}_1 - \overline{x}_2 - d|}{\sqrt{\left(\frac{s}{\sqrt{n_1}}\right)^2 + \left(\frac{s}{n_2}\right)^2}} = \frac{|\overline{x}_1 - \overline{x}_2 - d|}{s}\sqrt{\frac{n_1 n_2}{n_1 + n_2}} \tag{2-9}$$

当 $n_1 = n_2 = n$ 时，

$$s = \sqrt{\frac{s_1^2 + s_2^2}{2}} \tag{2-10}$$

$$t = \frac{|\overline{x}_1 - \overline{x}_2 - d|}{s}\sqrt{\frac{n}{2}} \tag{2-11}$$

$$t = \frac{|\overline{x}_1 - \overline{x}_2 - d|}{\sqrt{s_1^2 + s_2^2}}\sqrt{n} \tag{2-12}$$

由于实际应用时不知道 σ_1^2 和 σ_2^2 是否相等，故在进行 t 检验以前，应首先对两总体方差是否相等进行统计检验。

【例2-6】甲乙两分析人员用同一方法测定土壤中铅的背景值，得到下列结果：

甲：14.7mg/L，14.8mg/L，15.2mg/L，15.6mg/L

乙：14.6mg/L，15.0mg/L，15.2mg/L

试问，甲、乙两人测定结果是否一致。

解：本题要检验两测定结果的一致性，即两者是否相等，谁高谁低则和题意无关，故采取双侧检验。

① 检验 $\sigma_1^2 = \sigma_2^2$（略，见本节 4.两总体方差相等的统计检验——F 检验法）

② 原假设 H_0：$\mu_1 - \mu_2 = 0$（或 $\mu_1 = \mu_2$）

备择假设 H_A：$\mu_1 \neq \mu_2$，双侧检验。

③ 计算统计量 t：

先从样本值求得 $\overline{x}_1 = 15.08$，$\overline{x}_2 = 14.93$，$s_1 = 0.41$，$s_2 = 0.31$。

再求合并标准差

$$s = \frac{\sqrt{(n_1 - 1)s_1^2 + (n_2 - 1)s_2^2}}{n_1 + n_2 - 2} = \frac{\sqrt{(4-1)0.41^2 + (3-1)0.31^2}}{4 + 3 - 2} = 0.37$$

$$t = \frac{|\overline{x}_1 - \overline{x}_2 - d|}{s}\sqrt{\frac{n_1 n_2}{n_1 + n_2}} = \frac{|15.08 - 14.93 - 0|}{0.37}\sqrt{\frac{4 \times 3}{4 + 3}} = 0.531$$

$$f = n_1 + n_2 - 2 = 4 + 3 - 2 = 5$$

④ 选定显著性水平 $\alpha = 0.05$，查临界值 t 值表：$t_{0.05,5} = 2.57$。

⑤ 判断：本例 $t < t_{0.05,5}$，故接受原假设，即可认为甲、乙两人的测定结果是一致的。

既然两人测定结果是一致的，因此可把 $\bar{x}_1$ 和 $\bar{x}_2$ 看作是对同一总体均值 μ 的估计值，也就是说，可以把甲、乙各进行的 n_1 和 n_2 次测定当作是一个分析人员对同一总体进行了 $n_1 + n_2$ 次测定来看待，因此可以用加权平均值与合并标准差来表示测定结果。

加权平均值为

$$\frac{4 \times 15.08 + 3 \times 14.93}{4 + 3} = 15.02$$

合并标准差 $s = 0.37$。

【例2-7】研究银盐法测定废水中的砷，筛选砷化氢吸收液时，选用三乙醇胺-氯仿和三乙基胺-氯仿两种吸收液作比较。对同一废水各测定 11 次，前者的测定结果的平均值 $\bar{x}_1 = 2.97$mg/L，标准差 $s_1 = 0.20$mg/L，后者 11 次测定的均值 $\bar{x}_2 = 3.23$mg/L，标准差 $s_2 = 0.18$mg/L，试问两种吸收液的试验结果是否一致？

解： 本题要检验两测定结果的一致性，即两者是否相等，谁高谁低则和题意无关，故采取双侧检验。

① 检验 $\sigma_1^2 = \sigma_2^2$（略，见本节 4.两总体方差相等的统计检验——F 检验法）

② 原假设 H_0：$\mu_1 - \mu_2 = 0$（或 $\mu_1 = \mu_2$）

备择假设 H_A：$\mu_1 \neq \mu_2$，双侧检验。

③ 计算统计量 t：

先从样本值求得 $\bar{x}_1 = 2.97$，$\bar{x}_2 = 3.23$，$s_1 = 0.20$，$s_2 = 0.18$，$n_1 = n_2 = 11$。

代入式（2-10）

$$s = \sqrt{\frac{s_1^2 + s_2^2}{2}} = \sqrt{\frac{0.2^2 + 0.18^2}{2}} = 0.19$$

由式（2-11）可得

$$t = \frac{|\bar{x}_1 - \bar{x}_2 - d|}{s}\sqrt{\frac{n}{2}} = \frac{|3.23 - 2.97 - 0|}{0.19}\sqrt{\frac{11}{2}} = 3.21$$

$$f = n_1 + n_2 - 2 = 11 + 11 - 2 = 20$$

④ 选定显著水平 $\alpha = 0.05$，查表得：$t_{0.05,20} = 2.09$。

⑤ 判断：$t > t_{0.05,20}$，故否定原假设而接受备择假设，即认为两种吸收液的测定结果存在实质性差异。

【例2-8】某实验室为鉴定本实验室配制的 5.00 mg/L 铅标准溶液是否符合要求，在同样条件下，对所配标准溶液和统一分发的 5.00mg/L 标准溶液各测 5 次，本实验室标样的测定平均值 $\bar{x}_2 = 5.17$mg/L，标准差 $s_2 = 0.03$mg/L；统一分发标样的测定平均值 $\bar{x}_1 = 5.02$mg/L，标准差 $s_1 = 0.04$mg/L，如要求其浓度差不得大于浓度水平的 2%，试问该实验室配制的标准溶液是否符合要求?

解: 本题要检验两标样总体均值的差值是否不大于一定值, 故采取单侧检验。

① 检验 $\sigma_1^2 = \sigma_2^2$ (略, 见本节 4.两总体方差相等的统计检验——F 检验法)

② 原假设 H_0: $\mu_1 - \mu_2 \leqslant$ (5.00×0.02) mg/L

备择假设 H_A: $\mu_1 - \mu_2 >$ (5.00×0.02) mg/L, 单侧检验。

③ 计算统计量 t:

已知: $\bar{x}_1 = 5.02$, $s_1 = 0.04$, $\bar{x}_2 = 5.17$, $s_2 = 0.03$, $n_1 = n_2 = 5$。

代入式 (2-12) 得

$$t = \frac{|\bar{x}_1 - \bar{x}_2 - d|}{\sqrt{s_1^2 + s_2^2}} \sqrt{n} = \frac{|5.02 - 5.17 - 0.1|}{\sqrt{0.04^2 + 0.03^2}} \sqrt{5} = 11.18$$

$$f = n_1 + n_2 - 2 = 5 + 5 - 2 = 8$$

④ 选定显著水平 $\alpha = 0.05$, 因本例是单侧检验, 故按 $\alpha = 0.10$, $f = 8$, 查双侧临界值 (附录一), 查表得: $t_{0.10,8} = 1.86$。

⑤ 判断: $t > t_{0.10,8}$, 故否定原假设而接受备择假设, 即认为两种标样差异较大, 所以该实验室所配制的标准溶液不符合要求。

3. 两组均值一致性的秩和检验法

前面所讲的用于推断两组均值一致性的 u 检验法、t 检验法仅适用于服从正态分布的观测值, 当不知道被检验的两个总体是否服从正态分布时, 可用秩和检验法。本法的要点如下。

(1) 将两组分析数据混合在一起, 然后按数据的大小由小到大依次排列起来, 每个观测值在序列中排列的序号, 称为该观测值的秩, 最小值的秩为 1, 排在第二位的秩为 2, 依次类推。若第 N 个数值与第 $N+1$ 个数值大小相等, 则二者的秩均等于相应两序号的平均值, 即二者的秩号均为 $\dfrac{N+(N+1)}{2}$, 再下个观测值的秩为 $N+2$; 同样地, 若有三个相同的测定值, 则三者的秩号均为 $\dfrac{N+(N+1)+(N+2)}{3}$, 再下个观测值的秩为 $N+3$, 依次类推。

(2) 求秩和 T 值。将两组数据中数据个数少的一组所对应的秩号加起来, 即得到 T 值。如两组数据个数相等, 则可任取其中一组数据, 将它的秩号相加。

(3) 选定显著水平 α, 从表 2-2 秩和检验临界值表中, 查出秩和的下限 T_1、上限 T_2, 表中的 n_1、n_2 分别是两组数据的个数, 其中 n_1 代表数据个数较少的一组。

如果两组数据的个数均大于 10, 即 $n_1 > 10$, $n_2 > 10$, 秩和的临界值按下式计算:

$$T_{1,\alpha} = \frac{n_1(n_1 + n_2 + 1)}{2} - u_\alpha \sqrt{\frac{n_1 n_2 (n_1 + n_2 + 1)}{12}} \tag{2-13}$$

$$T_{2,\alpha}=\frac{n_1(n_1+n_2+1)}{2}+u_\alpha\sqrt{\frac{n_1n_2(n_1+n_2+1)}{12}}\qquad(2\text{-}14)$$

表2-2 秩和检验临界值表

n_1	n_2	$\alpha=0.025$		$\alpha=0.05$		n_1	n_2	$\alpha=0.025$		$\alpha=0.05$	
		T_1	T_2	T_1	T_2			T_1	T_2	T_1	T_2
	3	—	—	6	15		6	26	52	28	50
	4	6	18	7	17		7	28	56	30	54
	5	6	21	7	20	6	8	29	61	32	58
3	6	7	23	8	22		9	31	65	33	63
	7	8	25	9	24		10	33	69	35	67
	8	8	28	9	27		7	37	68	39	66
	9	9	30	10	29	7	8	69	73	41	71
	10	9	33	11	31		9	41	78	43	76
	4	11	25	12	24		10	43	83	46	80
	5	12	28	13	27		8	49	87	52	84
	6	12	32	14	30	8	9	51	93	54	90
4	7	13	35	15	33		10	54	98	57	95
	8	14	38	16	36	9	9	63	108	66	105
	9	15	41	17	39		10	66	114	69	111
	10	16	44	18	42	10	10	79	131	83	127
	5	18	37	19	36						
	6	19	41	20	40						
	7	20	45	22	43						
5	8	21	49	23	47						
	9	22	53	25	50						
	10	24	56	26	54						

（4）判断。如果计算的 T 值落在临界 T 值的上、下限之间，即 $T_1<T<T_2$，则认为两组数据差异不显著；反之，则认为两组数据存在显著性差异。

【例2-9】采用 A、B 两种方法测定某样品中某物质的含量（%），得到下列数据，问这两种方法的测定结果有无显著性差异（有无系统误差）？

A：3.29，3.10，3.20，2.90，2.80。

B：3.22，3.15，3.55，2.90，2.85，3.10。

解：① 首先将上述数据按从小到大的顺序统一排序，并按所排序号算出各测定值的秩号。

序号	1	2	3	4	5	6	7	8	9	10	11
A	2.80		2.90		3.10			3.20		3.29	
B		2.85		2.90		3.10	3.15		3.22		3.55
秩	1	2	3.5	3.5	5.5	5.5	7	8	9	10	11

A、B 两组数据中均有2.90，分别排在第3、4号位，故其秩为(3+4)/2=3.5。同样地，排在第5、6位的两个3.10的秩为(5+6)/2=5.5。

② 求 T 值，$n_A=5$，$n_B=6$，故计算方法A的秩和 T。

$$T=1+3.5+5.5+8+10=28$$

③ 选定显著水平 $\alpha=0.05$，查秩和检验临界值表，$n_1=5$，$n_2=6$，得 $T_1=20$，$T_2=40$。

④ 判断，因为 $T_1<T<T_2$，所以两种方法的测定结果无明显的系统误差。

【例2-10】有两批钨精矿料，A批有15包，B批有17包，对两批次的每一包矿料取样分析含钨量，测试数据如下。

A：66.78，66.07，66.51，65.57，65.72，66.28，66.32，66.04，66.14，65.81，66.24，66.47，65.88，65.42，65.35。

B：66.18，66.05，66.02，66.13，65.61，66.57，66.43，67.06，67.14，66.68，66.54，66.32，66.92，67.24，66.95，66.28，66.45。

问这两批矿料的含钨量是否存在显著性差异？

解：① 首先将上述数据按从小到大的顺序统一排序，并按所排序号算出各测定值的秩号。

序号	1	2	3	4	5	6	7	8	9	10	11
A	65.35	65.42	65.57		65.72	65.81	65.88		66.04		66.07
B				65.61				66.02		66.05	
秩	1	2	3	4	5	6	7	8	9	10	11

序号	12	13	14	15	16	17	18	19	20	21	22
A		66.14		66.24		66.28		66.32			66.47
B	66.13		66.18		66.28		66.32		66.43	66.45	
秩	12	13	14	15	16.5	16.5	18.5	18.5	20	21	22

序号	23	24	25	26	27	28	29	30	31	32	
A	66.51				66.78						
B		66.54	66.57	66.68		66.92	66.95	67.06	67.14	67.24	
秩	23	24	25	26	27	28	29	30	31	32	

② 求 T 值，n_A=15，n_B=17，故计算A批次的秩和 T。

$$T=1+2+3+5+6+7+9+11+13+15+16.5+18.5+22+23+27=179$$

③ 选定显著水平 α=0.05

n_1=15，n_2=17，均大于10，故应用式（2-13）、式（2-14）计算临界值。α=0.05 首先查得 u_α=1.96（附录一），所以：

$$T_{1,\alpha}=\frac{n_1(n_1+n_2+1)}{2}-u_\alpha\sqrt{\frac{n_1 n_2(n_1+n_2+1)}{12}}$$

$$T_{1,\alpha}=\frac{15(15+17+1)}{2}-1.96\sqrt{\frac{15\times17(15+17+1)}{12}}=195.6$$

$$T_{2,\alpha}=\frac{n_1(n_1+n_2+1)}{2}+u_\alpha\sqrt{\frac{n_1 n_2(n_1+n_2+1)}{12}}$$

$$T_{2,\alpha}=\frac{15(15+17+1)}{2}+1.96\sqrt{\frac{15\times17(15+17+1)}{12}}=299.4$$

④ 判断，计算得到的 T 值不在 T_1 和 T_2 之间，所以有95%的把握断定两批矿料的含钨量有显著性差异。

秩和检验法较为方便，不需要计算标准差，已逐渐被统计工作者所广泛采用。秩和检验法还广泛用于不同实验室或不同分析方法对不同样品观测值的统计检验。

4. 两总体方差相等的统计检验——F 检验法

本方法用于比较不同条件下（不同地点、不同时间、不同分析方法、不同分析人员等）测量的两组数据是否具有相同的精密度。主要通过比较两组数据的方差以确定其精密度是否有显著性差异，至于两组数据之间是否存在系统误差，则在进行 F 检验并确定其精密度没有显著性差异后，再进行 t 检验。

设两组测量值的总体分别遵从正态分布 $N(\mu_1,\sigma_1^2)$ 和 $N(\mu_2,\sigma_2^2)$，其样本容量分别为 n_1 和 n_2，样本方差分别为 s_1^2 和 s_2^2。将 s_1^2 和 s_2^2 中较大者记为 s_{max}^2，较小者记为和 s_{min}^2。按下式计算统计量 F：

$$F=\frac{s_{max}^2}{s_{min}^2} \tag{2-15}$$

选定显著性水平 α，并从附录三（F 检验临界值表）中查出统计量的临界值 $F_\alpha(f_1,f_2)$。

此处 f_1 是 s_{max}^2 对应的自由度，f_2 是 s_{min}^2 对应的自由度。对于双侧检验，在查临界值时 α 减半，即查 $F_{\alpha/2}(f_1,f_2)$。最后比较 F 的计算值和临界值，作出判断。

【例2-11】实验室1用某方法测定质控样品7次，测定的标准偏差 s_1=0.35mg/L，实验室 2 用同一方法测定同一样品 8 次，测定的标准偏差 $s_2=0.57$mg/L。问这两个实验室的测定结果是否具有相同的精密度？

解： 本题要检验两总体精密度是否相同，而不考虑谁大谁小的问题，故采取双侧检验。

① 原假设 H_0：$\sigma_1^2=\sigma_2^2$

备择假设 H_A：$\sigma_1^2 \neq \sigma_2^2$，双侧检验。

② 计算统计量 F：

已知：$n_1=7$，$s_1=0.35$，$n_2=8$，$s_2=0.57$。

$$s_{max}^2=0.3249，s_{min}^2=0.1225$$

代入式（2-15）得

$$F=\frac{s_{max}^2}{s_{min}^2}=\frac{0.3249}{0.1225}=2.65$$

③ 选定显著水平 $\alpha=0.05$，因本例是双侧检验，故按 $\alpha=0.025$，$f_1=n_2-1=7$，$f_2=n_1-1=6$ 查 F 表（附录三），查表得：$F_{0.025}$（7，6）=5.7。

④ 判断：$F<F_{0.025}$（7，6），故接受原假设，即这两个实验室的测定结果具有相同的精密度。

【例2-12】为了解添加掩蔽剂对水中 A 物质测定精密度的影响，做添加和不添加掩蔽剂的实验各 10 次，所得标准偏差分别是 $s_1=0.023$mg/L，$s_2=0.019$mg/L。问添加掩蔽剂后的测定精密度是否变差？

解： 本题要检验添加掩蔽剂后，总体精密度是否较不加掩蔽剂变差，而不考虑变好多少的情况，故采取单侧检验。

① 原假设 H_0：$\sigma_1^2 \not> \sigma_2^2$

备择假设 H_A：$\sigma_1^2>\sigma_2^2$，单侧检验。

② 计算统计量 F：

已知：$s_1=0.023$，$s_2=0.019$，$n_1=n_2=10$。

$s_{max}^2=0.000529$，$s_{min}^2=0.000361$

代入式（2-15）得

$$F=\frac{s_{max}^2}{s_{min}^2}=\frac{0.000529}{0.000361}=1.47$$

③ 选定显著水平 $\alpha=0.05$，按 $\alpha=0.05$，$f_1=f_2=n-1=9$ 查 F 表，查表得：$F_{0.05}$（9，9）=3.18。

④ 判断：$F<F_{0.05}$（9，9），故接受原假设，即添加掩蔽剂后的测定精密度没有变差。

任务四　样本异常值的判断和处理

一、异常值的判断原则和处理规则

样本**异常值**是指样本中的个别值，其数值明显偏离它（或它们）所在样本的其余观测值。异常值可能仅仅是数据中固有随机误差的极端表现，如果确是这样，就应把它和样本中其他观测值以同样的方式对待，即参加样本平均值和标准差的计算；异常值也可能是偶然偏离所规定的试验条件和试验方法的后果，或是在计算或记录这个数值时出现的失误，这种异常值与其他观测值不属于同一个总体。

那些测量者已觉察到的失误数据不在异常值之列，不经检验即可剔除。而对于那些可能影响试验结果而又不能直接确定其是否属于同一总体的异常值，则必须以统计学的原则慎重处理，最后才能决定取舍。经统计检验断定会影响试验结果的异常值，即与正常数据不是来自同一分布总体数据的称为**离群数据**，离群数据包括单个离群值、离群均值和离群方差。

异常值可能是单个，也可能是多个。判断单个异常值时，应根据实际情况和不同的目的，选择适宜的异常值检验规则。根据显著水平 α 及观测值的个数 n，确定统计量的临界值。将一批数据代入统计量计算公式，所得统计量的值超过临界值时，则判断事先待查的极端值确实异常，即为离群值，否则就判断没有离群值。

根据国家标准 GB/T 8056—2008《数据的统计处理和解释　指数样本离群值的判断和处理》，异常值检验的显著性水平 α，推荐为 1%，而不宜采用超过 5% 的 α 值。

判断多个异常值所用的方法是重复使用同一种判断单个异常值的检验规则。首先检验全体观测值中的极端值，若不能检出为异常值，则整个检验停止，若检出一个异常值，就再用相同的检出水平和相同规则对余下的观测值继续进行检验，直到不能检出异常值，或检出异常值个数超过上限（占样本观测值个数的较小比例）为止。

对于用统计方法检出的异常值，应尽可能寻找其技术上和试验上的原因，作为处理异常值的依据。异常值的处理应持十分慎重的态度，处理的方式无外乎四种：a.异常值保留在样本中参加其后的数据统计计算；b.允许剔除异常值，即把异常值从样本中排除；c.允许剔除异常值，并追加（补测）适宜的观测值计入样本；d.在找到实际原因后修正异常值。试验者具体操作时，应根据实际问题的性质，权衡查找异常值产生原因所需的花费、正确判断异常值的得益，以及错误剔除正常观测值的风险，并遵守下述处理规则：a.对于任何异常值，若无充分的技术上或试验上的原因，则不得剔除或进行修正；b.异常值中除有充分的技术上或试验上的理由外，在统计上表现为高度异常（即在显著性水平 $\alpha = 0.01$，甚至更小的情况下，为显著的异常值），才允许剔除或进行修正。对十被剔除或经修正的观测值及其理由，应认真记录，以备查询。

判断异常值有多种方法，对于一般的小样本实验，在不知道标准差的情况下，通常采用狄克松检验法、格鲁布斯检验法。

二、狄克松（Dixon）检验法

狄克松检验法用于检验一组观测值的一致性和剔除一组观测值中的异常值，适用于检出一个或多个异常值，由于该法简便且适用于小样本观测值的检验，故已成为国际标准化组织（ISO）和美国材料试验协会（ASTM）的推荐方法。狄克松检验的要点如下：

① 将一组观测值按从小到大的顺序排列为 x_1, x_2, …, x_{n-1}, x_n，则异常的观测值必然出现在两端，即 x_1 或 x_n。

② 根据样本容量 n 的大小以及所要检验的异常值 x_1 或 x_n，按统计量表（表2-3）中相应的公式，计算统计量 γ（最大值可疑）或者 γ'（最小值可疑）。

③ 当求得的统计量值大于表2-3中相应显著性水平 α 和观测次数 n 对应的临界值时，则此异常值应该舍弃。一般取 $\alpha=0.01$ 和 $\alpha=0.05$，γ（或 γ'）$>\gamma_{0.01}$，则异常值应舍弃；$\gamma_{0.05}<\gamma$（或 γ'）$\leq\gamma_{0.01}$，则异常值为偏离值，应查明原因决定保留或舍弃；γ（或 γ'）$\leq\gamma_{0.05}$，则异常值为正常值，应予以保留。

【例2-13】用原子吸收法测定某试样中镉的含量，5次测定结果是0.041mg/L，0.046mg/L，0.048mg/L，0.038mg/L，0.045mg/L。试判断极小值0.038是否应舍去。

解： ① 将数据按从小到大顺序排列：0.038，0.041，0.045，0.046，0.048。

② $n=5$，按表2-3中的相应公式计算统计量得：

$$\gamma=\frac{x_2-x_1}{x_n-x_1}=\frac{0.041-0.038}{0.048-0.038}=0.300$$

③ 选显著性水平 $\alpha=1\%$ 和 $\alpha=5\%$。查 Dixon 临界值表得：

$$\gamma_{0.01,5}=0.780,\quad \gamma_{0.05,5}=0.642$$

④ 判断：因计算所得，$\gamma'<\gamma_{0.05,5}$，故极小值0.038不应舍弃，即有95%的把握判定0.038为正常数据，不应剔除。

狄克松检验准则拒绝接受的只是偏差很大的观测值，也就是说狄克松检验将正常数值误判为异常值的概率是很小的。狄克松检验经常用于单个异常值检验，当需要检出多个异常值时，可以重复使用该检验法进行检验。

表2-3 Dixon检验统计量和临界值

测定次数 n	统计量计算式	显著性水平		
		0.10	0.05	0.01
3	$\gamma_{10}=\dfrac{x_n-x_{n-1}}{x_n-x_1}$ 或 $\gamma'_{10}=\dfrac{x_2-x_1}{x_n-x_1}$	0.886	0.941	0.988
4		0.679	0.765	0.889
5		0.557	0.642	0.780
6		0.482	0.560	0.698
7		0.434	0.507	0.637
8	$\gamma_{11}=\dfrac{x_n-x_{n-1}}{x_n-x_2}$ 或 $\gamma'_{11}=\dfrac{x_2-x_1}{x_{n-1}-x_1}$	0.479	0.554	0.683
9		0.441	0.512	0.635
10		0.409	0.477	0.597
11	$\gamma_{21}=\dfrac{x_n-x_{n-2}}{x_n-x_2}$ 或 $\gamma'_{21}=\dfrac{x_3-x_1}{x_{n-1}-x_1}$	0.517	0.576	0.679
12		0.490	0.546	0.642
13		0.467	0.521	0.615
14	$\gamma_{22}=\dfrac{x_n-x_{n-2}}{x_n-x_3}$ 或 $\gamma'_{22}=\dfrac{x_3-x_1}{x_{n-2}-x_1}$	0.492	0.546	0.641
15		0.472	0.525	0.6160
16		0.454	0.507	0.595
17		0.438	0.490	0.577
18		0.424	0.475	0.561
19		0.412	0.462	0.547
20		0.401	0.450	0.535
21		0.391	0.440	0.524
22		0.382	0.430	0.514
23		0.374	0.421	0.505
24		0.367	0.413	0.497
25		0.360	0.406	0.489
26		0.354	0.399	0.486
27		0.348	0.393	0.475
28		0.342	0.387	0.469
29		0.337	0.381	0.463
30		0.332	0.376	0.457

表中统计量计算公式可归纳如下。

检验最大值 x_n 是否异常时,统计量为:

$$\gamma_{ij}=\frac{x_n-x_{n-1}}{x_n-x_{1+j}}$$

检验最小值 x_1 是否异常时，统计量为：

$$\gamma'_{ij} = \frac{x_{1+i} - x_1}{x_{n-j} - x_1}$$

i 为 1，2，j 为 2，3　　　i,j 具体值视观测值数而定；

n 为 3～7 时，$i=1$，$j=0$

n 为 8～10 时，$i=1$，$j=1$

n 为 11～13 时，$i=2$，$j=1$

n 为 14～25 时，$i=2$，$j=2$

三、格鲁布斯（Grubbs）检验法

格鲁布斯检验法用于检验多组观测值均值的一致性和剔除多组观测值中的离群均值；也可与狄克松检验法一样，用于检验一组观测值的一致性和剔除一组观测值中的单个异常值。Grubbs 检验临界值表见表 2-4。

表2-4　Grubbs检验临界值

测定次数 n	显著性水平（α）		测定次数 n	显著性水平（α）	
	0.05	0.01		0.05	0.01
3	1.453	1.155	20	2.557	2.884
4	1.463	1.492	21	2.580	2.912
5	1.672	1.749	22	2.603	2.939
6	1.822	1.944	23	2.624	2.963
7	1.938	2.097	24	2.644	2.987
8	2.032	2.221	25	2.663	3.009
9	2.110	2.323	26	2.681	3.029
10	2.176	2.410	27	2.698	3.049
11	2.234	2.485	28	2.714	3.068
12	2.285	2.550	29	2.730	3.085
13	2.331	2.607	30	2.745	3.103
14	2.371	2.659	40	2.866	3.240
15	2.409	2.705	50	2.956	3.336
16	2.443	2.747	60	3.025	3.411
17	2.475	2.785	70	3.082	3.471
18	2.501	2.821	80	3.130	3.521
19	2.532		100	3.207	3.600

格鲁布斯检验法的要点如下：

① 假设有 n 组测定值，计算出每组测定值的均值 $\overline{x}_1, \overline{x}_2, \cdots, \overline{x}_i, \cdots, \overline{x}_n$，将其中最大的均值记为 $\overline{x}_{max}$，最小的均值记为 $\overline{x}_{min}$。

② 计算 n 组均值的总均值 $\overline{\overline{x}}$ 和标准偏差 $s_{\overline{\overline{x}}}$：

$$\overline{\overline{x}} = \frac{1}{n}\sum_{i=1}^{n}\overline{x}_i$$

$$s_{\overline{\overline{x}}} = \sqrt{\frac{1}{n-1}\sum_{i=1}^{n}(\overline{x}_i - \overline{\overline{x}})^2}$$

③ 计算格鲁布斯检验统计量 T：

异常均值为最大值 $\overline{x}_{max}$

$$T = \frac{\overline{x}_{max} - \overline{\overline{x}}}{s_{\overline{\overline{x}}}} \qquad\qquad (2\text{-}16)$$

异常均值为最小值 $\overline{x}_{min}$

$$T = \frac{\overline{\overline{x}} - \overline{x}_{min}}{s_{\overline{\overline{x}}}} \qquad\qquad (2\text{-}17)$$

④ 判断，若从样本值计算的 $T > T_{0.01}$，则异常均值为离群均值，应予舍弃；若从样本值计算的 $T_{0.05} < T \leqslant T_{0.01}$，则异常均值判定为偏离均值，应查明原因决定是否舍弃；若从样本值计算的 $T \leqslant T_{0.05}$，则被检验的异常均值为正常均值，应予以保留。

如果用于检验一组观测值的一致性和剔除一组观测值中的单个异常值，则可省去第①步，直接用 x_i 代替 $\overline{x}_i$ 进行后面的运算。

【例2-14】8个实验室分析同一含汞样品，各实验室 6 次测量的均值分别为 4.0μg/L，4.5μg/L，5.3μg/L，4.2μg/L，3.1μg/L，4.0μg/L，4.2μg/L，4.1μg/L。问哪些数据应在求总均值时予以剔除？

解：本题的异常值为两个端值，即最大值 5.3 和最小值 3.1，现分别进行 Grubbs 检验。

① 首先计算总均值：

$$\overline{\overline{x}} = \frac{1}{n}\sum_{i=1}^{n}\overline{x}_i = 4.18 \mu g/L$$

总标准偏差：

$$s_{\overline{\overline{x}}} = \sqrt{\frac{1}{n-1}\sum_{i=1}^{n}(\overline{x}_i - \overline{\overline{x}})^2} = 0.61 \mu g/L$$

② 计算统计量 T：

$$T = \frac{\overline{x}_{\max} - \overline{\overline{x}}}{s_{\overline{\overline{x}}}} = \frac{5.3 - 4.18}{0.61} = 1.84$$

检验最大值：

③ 查 Grubbs 临界值表得：

$T_{0.01,8}=2.22$，$T_{0.05,8}=2.03$。

④ 判断，$T < T_{0.05,8}$，故最大值不是异常值，应保留。

类似地，检验最小值：

$$T = \frac{\overline{\overline{x}} - \overline{x}_{\min}}{s_{\overline{\overline{x}}}} = \frac{4.18 - 3.1}{0.61} = 1.77$$

$T < T_{0.05,8}$，故最小值 3.1 也不是异常值，应予保留。

总之，本例不能剔除任何一个均值。

习题

1. 在小学三年级学生中随机抽取 10 名学生，在学期初和学期末分别进行了两次推理能力测验，平均成绩分别为 79.5 分和 72 分，标准差分别为 9.124 和 9.940。问两次测验成绩是否有显著性差异？

2. A 与 B 两人用同一分析方法测定金属钠中的铁，测得铁含量（μg/g）分别为：

分析人员 A：8.0，8.0，10.0，10.0，6.0，6.0，4.0，6.0，6.0，8.0

分析人员 B：7.5，7.5，4.5，4.0，5.5，8.0，7.5，7.5，5.5，8.0

试问 A 与 B 两人测定铁含量的精密度是否有显著性差异？（$\alpha=0.05$）

3. 用新旧两种工艺冶炼某种金属材料，分别从两种冶炼工艺生产的产品中抽样，测定产品中的杂质含量（%），结果如下：

旧工艺：2.69，2.28，2.57，2.30，2.23，2.42，2.61，2.64，2.72，3.02，2.45，2.95，2.51

新工艺：2.26，2.25，2.06，2.35，2.43，2.19，2.06，2.32，2.34

试问新冶炼工艺是否比旧工艺生产更稳定？并检验两种工艺之间是否存在系统误差？（$\alpha=0.05$）

4. 用新旧两种方法测得某种液体的黏度（mPa·s），如下：

新方法：0.73，0.91，0.84，0.77，0.98，0.81，0.79，0.87，0.85

旧方法：0.76，0.92，0.86，0.74，0.96，0.83，0.79，0.80，0.75

其中旧方法无系统误差，试在显著性水平 $\alpha=0.05$ 时，检验新方法是否可行。

5. 对同一铜合金，有 10 个分析人员分别进行分析，测得其中铜含量（%）的数据为：

62.20，69.49，70.30，70.65，70.82，71.03，71.22，71.33，71.38。问这些数据中哪个（些）数据应被舍去，试检验？（$\alpha=0.05$）

6. 治疗 10 名高血压病人，对每一种病人治疗前、后的舒张压（mmHg，1mmHg=133.322Pa）进行了测量，结果见表，问治疗前后有无差异？

10 名高血压病人治疗前后的舒张压　　　　　　单位：mmHg

病例编号	1	2	3	4	5	6	7	8	9	10
治疗前	117	127	141	107	110	114	115	138	127	122
治疗后	123	108	120	107	100	98	102	152	104	107

7. 有13例健康人，11例克山病人的血磷测定值（mg/100g）如表所示，问克山病人的血磷是否高于健康人？

健康人与克山病人的血磷测定值　　　　　　单位：mg/100g

健康人	170	155	140	115	235	125	130	145	105	145
患者	150	125	150	140	90	120	100	100	90	125

8. 某生化实验室测定了几组人的血清甘油三酯含量（mg/100g）见表，试分析比较工人与干部、男与女的该项血脂水平。

正常成人按不同职业、性别分类的血清甘油三酯含量　　　　　　单位：mg/100g

类型	人数	平均数	标准差
工人	112	106.49	29.09
干部	106	95.93	26.63
男	116	103.91	27.96
女	102	97.93	28.71

9. 为调查某单位每个家庭每天观看电视的平均时间是多长，从该单位随机抽取了16户，得样本均值为6.75h，样本标准差为2.25h。

（1）试对每个家庭每天平均看电视时间进行区间估计。

（2）若已知该市每个家庭看电视时间的标准差为2.5h，此时若再进行区间估计，并且将边际误差控制在（1）的水平，问此时需要调查多少户才能满足要求？（$\alpha=0.05$）

项目三 回归分析

任务一 回归分析的基本概念

在工作和生活中，经常遇到两种变量——确定变量和随机变量。

对于两个确定变量来讲，二者之间有确定的关系，即其中一个变量的每个值都有另一个变量的一个或几个完全确定的值与它相对应，就说它们存在函数关系。如圆面积与圆半径的关系，分析测试中经常用到的朗伯-比尔定律等都属于这种关系，如果知道其中一个变量的值，就可根据函数式准确算出另一变量值。

而随机变量之间有一定的对应变化规律，但不是很确定，如果知道一个变量的值，另一变量以某种规律分散在一定范围之内，称这种关系为相关关系。如水质分析中化学需氧量（COD）、生化需氧量（BOD）两个指标都反映水中有机物含量的多少，但测试条件和方法不同，其内涵也不同，在水源稳定的条件下，二者就有相关关系，再如气象因素对天气的影响、洪水预报等都属于这种情况。很显然，如果能用一定方法找出其隐含的对应关系，对认识分析问题都有指导意义。

函数关系与相关关系之间，并没有一条不可逾越的鸿沟，甚至两种关系可以相互转化。如本来是函数关系，但是在测量过程中偶然误差的存在，造成测试结果的波动，最终便以相关关系表现出来。而原来是相关关系，随着对其内部规律了解得更加深刻、更加准确时，不断地修正其对应关系，其分散范围越来越小，精度越来越高，逐渐向函数关系逼近。例如随着对问题研究的深入和计算手段的加强，天气预报越来越准。

在分析测试尤其是仪器分析中，有很大部分是相对测试，经常会遇到确定被测物浓度与仪器响应值关系的问题，在这两者的关系中，除了因变量 y 随着自变量 x 按某一确定的规律变化外，不可避免地还会受到一些其他因素影响，如测定结果的试验误差、测试仪器及环境条件的改变等。因此，y 与 x 之间应属于相关关系，即当自变量 x 变化时，因变量

y大体按某规律变化，两者之间的关系不能直观地看出来。为此，需要对测试数据用统计学的办法加以处理，去伪存真，由表及里地加工后，找出其内在联系，给出定量表达式，从而可以利用该式去推算未知量。回归分析就是研究随机现象中变量间关系的一种数理统计方法。当自变量只有一个时，叫作一元回归。当y与x的关系呈直线规律变化时，叫线性回归。反之，称为非线性回归。

例如用分光光度法测定水中某物浓度时，需先绘制标准工作曲线，其过程一般是配制系列标准溶液，显色后测定不同浓度标准溶液的吸光度。以浓度为横坐标，吸光度为纵坐标，将不同浓度标准溶液的吸光度点在坐标纸上，各点并不完全在一条直线上。以前的做法是通过人眼观察，画出一条反映各点变化趋势的直线，但是由于主观误差的影响，同样的数据不同人画的直线不同，这样在数据处理时又引入了主观误差。为了避免这种情况，用数学方法客观地对各点进行回归分析，求出直线方程式，然后再配线作图。用回归分析得到的直线方程式，叫回归方程。

求回归方程的方法，通常是用最小二乘法。其基本思想就是从并不完全成一条直线的各点中用数理统计的方法找出一条直线，使各数据点到该直线的距离的总和相对其他任何线来说最小。即各点到回归线的差方和为最小，简称最小二乘法。回归分析的主要内容有：

（1）以观测数据为依据，建立反映变量间相关关系的定量关系式（回归方程），并确定关系式的可信度。

（2）利用建立的回归方程式，对客观过程进行分析、预测和控制。

任务二　一元回归方程的求法和配线过程

一元线性回归方程的一般形式为：

$$Y=a+bx \tag{3-1}$$

式中　a——直线在坐标图Y轴上的截距；

　　　b——直线的斜率。

a常代表一个固定的误差，如测定空白值或仪器固定的偏差等。b表示测定的灵敏度，即自变量x变化时，对Y的影响程度。当x为x_1，x_2，$\cdots$，x_n时，则相应有：

$$Y_1=a+bx_1$$

$$Y_2=a+bx_2$$

$$\cdots$$

$$Y_n = a + bx_n$$

这里 Y_1，Y_2，…，Y_n 是回归方程计算值。由于在实际测定过程中存在试验误差，因此，相应于 x_1，x_2，…，x_n 就有实际测定值 y_1，y_2，…，y_n。y_1，y_2，…，y_n 与 Y_1，Y_2，…，Y_n 是不等同的。即试验点 (x_1, y_1)，(x_2, y_2)，…，(x_n, y_n) 并不一定落在按式（3-1）确立的回归直线上。每个试验点 (x_i, y_i) 相对于回归线都存在着误差，为：

$$y_i - Y_i = y_i - (a + bx_i)$$

令 Q 代表各试验点误差项的平方和，称为剩余平方和，也称作残差平方和，则有：

$$Q = \sum_{i=1}^{n}(y_i - Y_i)^2 = \sum_{i=1}^{n}(y_i - a - bx_i)^2 \tag{3-2}$$

Q 随 a 和 b 的变化而改变。因此可选择具有合适 a、b 值的回归直线，使得 Q 值最小。根据微分学原理，只需将式（3-2）对 a，b 求偏微分，并令其为零，即可达到目的。

$$\frac{\partial Q}{\partial a} = -2\sum_{i=1}^{n}(y_i - a - bx_i) = 0 \tag{3-3}$$

$$\frac{\partial Q}{\partial b} = -2\sum_{i=1}^{n}(y_i - a - bx_i)x_i = 0 \tag{3-4}$$

解式（3-3）可得：

$$a = \frac{\sum_{i=1}^{n}y_i}{n} - b\frac{\sum_{i=1}^{n}x_i}{n} \tag{3-5}$$

即

$$a = \bar{y} - b\bar{x} \tag{3-6}$$

解式（3-4）可得：

$$\sum_{i=1}^{n}x_iy_i - a\sum_{i=1}^{n}x_i - b\sum_{i=1}^{n}x_i^2 = 0 \tag{3-7}$$

将式（3-5）中的 a 值代入式（3-7），可得到：

$$b = \frac{\sum_{i=1}^{n}x_iy_i - \frac{1}{n}\sum_{i=1}^{n}x_i\sum_{i=1}^{n}y_i}{\sum_{i=1}^{n}x_i^2 - \frac{1}{n}\left(\sum_{i=1}^{n}x_i\right)^2} \tag{3-8}$$

式（3-8）写起来比较复杂。为简明起见，以 L 代表离差，根据差方和的关系式，令：

$$L_{xx} = \sum_{i=1}^{n}(x_i - \bar{x})^2 = \sum_{i=1}^{n}x_i^2 - \frac{1}{n}\left(\sum_{i=1}^{n}x_i\right)^2$$

$$L_{yy}=\sum_{i=1}^{n}(y_i-\overline{y})^2=\sum_{i=1}^{n}y_i^2-\frac{1}{n}\left(\sum_{i=1}^{n}y_i\right)^2$$

$$L_{xy}=\sum_{i=1}^{n}(x_i-\overline{x})(y_i-\overline{y})=\sum_{i=1}^{n}x_iy_i-\frac{1}{n}\sum_{i=1}^{n}x_i\sum_{i=1}^{n}y_i$$

则式（3-8）可改写为：

$$b=\frac{\sum\limits_{i=1}^{n}(x_i-\overline{x})(y_i-\overline{y})}{\sum\limits_{i=1}^{n}(x_i-\overline{x})^2}=\frac{L_{xy}}{L_{xx}} \qquad (3-9)$$

根据式（3-8）可求出回归方程的斜率 b，将 b 值代入式（3-6）可求出截距 a。从而可得到回归直线方程：

$$Y=a+bx$$

由式（3-6）可知：

$$\overline{y}=a+b\overline{x}$$

这就是说回归直线一定通过 $(\overline{x}, \overline{y})$ 这一点，即由各数据的平均值组成的点。这一点对作图是很重要的。

【例3-1】用原子吸收法测定大气降水中的钙。制作标准工作曲线时，测不同浓度的标准溶液，得到如下吸光度（已扣除空白值）。试求回归方程，并配线作图。

浓度/（μg/mg）	0	1.0	2.0	3.0	4.0	5.0
吸光度/A	0	0.0438	0.0883	0.1326	0.1751	0.2180

解： 为计算方便，常列表进行（见表3-1和表3-2）。

表3-1 一元回归计算表（1）

编号	x	y	x^2	y^2	xy
1	0	0	0	0	0
2	1.0	0.0438	1.0	0.0019	0.0438
3	2.0	0.0883	4.0	0.0078	0.1766
4	3.0	0.1326	9.0	0.0176	0.3978
5	4.0	0.1751	16.0	0.0307	0.7004
6	5.0	0.2180	25.0	0.0475	1.0900
Σ	15.0	0.6578	55.0	0.1055	2.4086

表3-2　一元回归计算表（2）

$\sum x=15.0$	$\sum y=0.6578$	$n=6$
$\bar{x}=2.5$	$\bar{y}=0.1096$	
$\sum x^2=55.0$	$\sum y^2=0.1055$	$\sum xy=2.4086$
$\dfrac{\left(\sum x\right)^2}{6}=37.5$	$\dfrac{\left(\sum y\right)^2}{6}=0.072$	$\dfrac{\left(\sum x\sum y\right)}{6}=1.6445$
$L_{xx}=\sum x^2-\dfrac{\left(\sum x\right)^2}{n}=17.5$		
$L_{yy}=\sum y^2-\dfrac{\left(\sum y\right)^2}{n}=0.0334$		
$L_{xy}=\sum xy-\dfrac{\sum x\sum y}{6}=0.7641$		
$b=\dfrac{L_{xy}}{L_{xx}}=\dfrac{0.7641}{17.5}=0.0437$		
$a=\bar{y}-b\bar{x}=0.1096-0.0437\times2.5=0.0004$		
$Y=0.0004+0.0437x$		

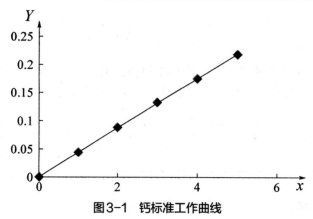

图3-1　钙标准工作曲线

$Y=0.0004+0.0437x$ 即为所求的回归方程，作图时，先在坐标纸上选出点（$\bar{x}$，$\bar{y}$），即（2.5，0.1096）这一点。另外，由截距 a 可知当 $x=0$ 时，$Y=0.0004$，即点（0，0.0004）。把这两点用直尺连成一条直线，就是所求的回归直线（见图3-1）。

任务三　回归方程的相关系数

因变量 y 与自变量 x 之间是否存在相关关系，在求回归方程的过程中并不能回答。因为对任何无规律的试验点，均可配出一条线，使该线离各点的误差最小。为检查所配出的回归方程有无实际意义，可以使用相关关系检验法。

$$由于 Y_i=a+bx_i$$
$$\overline{y}=a+b\overline{x}$$

Y_i 为回归方程计算值。因为 $(\overline{x},\overline{y})$ 试验点一定在回归线上，因此，试验点与回归线上该点的差值可由上面两式推导出：

$$y_i-Y_i=y_i-\left[(\overline{y}-b\overline{x})+bx_i\right]$$
$$=(y_i-\overline{y})-b(x_i-\overline{x})$$

$$\sum_{i=1}^{n}(y_i-Y_i)^2=\sum_{i=1}^{n}\left[(y_i-\overline{y})-b(x_i-\overline{x})\right]^2$$
$$=\sum_{i=1}^{n}(y_i-\overline{y})^2-2b\sum_{i=1}^{n}(x_i-\overline{x})(y_i-\overline{y})+b^2\sum_{i=1}^{n}(x_i-\overline{x})^2$$

据式（3-9）可得：

$$\sum_{i=1}^{n}(x_i-\overline{x})(y_i-\overline{y})=b\sum_{i=1}^{n}(x_i-\overline{x})^2$$

将该式代入上式，

$$\sum_{i=1}^{n}(y_i-Y_i)^2=\sum_{i=1}^{n}(y_i-\overline{y})^2-2b^2\sum_{i=1}^{n}(x_i-\overline{x})^2+b^2\sum_{i=1}^{n}(x_i-\overline{x})^2$$
$$=\sum_{i=1}^{n}(y_i-\overline{y})^2-b^2\sum_{i=1}^{n}(x_i-\overline{x})^2$$

所以

$$\frac{\sum\limits_{i=1}^{n}(y_i-Y_i)^2}{\sum\limits_{i=1}^{n}(y_i-\overline{y})^2}=1-b^2\frac{\sum\limits_{i=1}^{n}(x_i-\overline{x})^2}{\sum\limits_{i=1}^{n}(y_i-\overline{y})^2}$$

令相关系数 r 等于下式：

$$r^2=b^2\frac{\sum\limits_{i=1}^{n}(x_i-\overline{x})^2}{\sum\limits_{i=1}^{n}(y_i-\overline{y})^2}=1-\frac{\sum\limits_{i=1}^{n}(y_i-Y_i)^2}{\sum\limits_{i=1}^{n}(y_i-\overline{y})^2} \tag{3-10}$$

由式（3-10）可知，当 y 与 x 间存在严格的线性关系时，所有的数据点应落在回归线上，则有 $y_i=Y_i$，$r^2=1$。当 y 与 x 间存在相关关系时，$|r|$ 值在 0 与 1 之间。r 是表示 y 与 x

相关程度的一个系数。它的符号取决于回归系数 b 的符号。若 $r>0$，则称 x 与 y 正相关，y 随着 x 的增加而增加；若 $r<0$，则称 x 与 y 负相关，y 随着 x 的增加而减小。r 的绝对值越接近于 1，x 与 y 的线性关系越好。当 y 与 x 之间没有任何依赖关系时，$r=0$。相关系数的意义如图 3-2 所示。

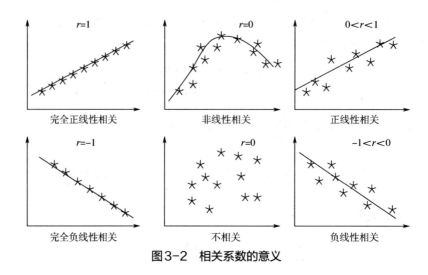

图3-2　相关系数的意义

在实际应用中，判断 r 值与 1 接近到何程度时，才认为 x 与 y 是相关的，或者说，所配出的回归方程才是有意义的，需要对照相关系数临界值表（表 3-3）来判断。当计算的相关系数 r 的绝对值大于表 3-3 中显著性水平 α 为 0.05 和相应自由度 $f=n-2$ 下的临界值 $r_{0.05, f}$ 时，则表示 y 与 x 是显著相关的。如显著性水平取 0.01，$r_{计算}>r_{0.01, f}$ 时，则表示 y 与 x 有非常显著的相关关系。

在分析测试中，由于对测定结果的准确度和精密度要求较高，因此 y 与 x 的相关系数仅大于临界值表中的值往往还不够，一般情况，要求 $|r|$ 值大于或等于 0.9990，所建立的回归方程方可使用。否则应找出原因并加以纠正，重新试验，建立合格的回归方程。临界值仅能说明 y 与 x 之间的相关关系是否显著或非常显著，而对相关系数的要求还要与所研究问题的需要结合起来。

表3-3　相关系数临界值表

$n-2$	显著性水平（α）			$n-2$	显著性水平（α）		
	0.10	0.05	0.01		0.10	0.05	0.01
1	0.988	0.997	1.000	4	0.729	0.811	0.917
2	0.900	0.950	0.990	5	0.669	0.754	0.874
3	0.805	0.878	0.959	6	0.622	0.707	0.834

$n-2$	显著性水平（α）			$n-2$	显著性水平（α）		
	0.10	0.05	0.01		0.10	0.05	0.01
7	0.582	0.666	0.798	19	0.369	0.433	0.549
8	0.549	0.632	0.765	20	0.360	0.423	0.537
9	0.521	0.602	0.735	25	0.323	0.381	0.487
10	0.497	0.576	0.708	30	0.296	0.349	0.449
11	0.476	0.553	0.684	35	0.275	0.325	0.418
12	0.458	0.532	0.661	40	0.257	0.304	0.393
13	0.441	0.514	0.641	45	0.242	0.288	0.372
14	0.426	0.497	0.623	50	0.231	0.273	0.354
15	0.412	0.482	0.606	60	0.211	0.250	0.325
16	0.400	0.468	0.590	70	0.195	0.232	0.302
17	0.389	0.456	0.575	80	0.183	0.217	0.283
18	0.378	0.444	0.561	100	0.164	0.195	0.254

求 y 与 x 的回归方程和相关系数都是用数理统计的方法来确定变量间关系的。但前者是用数理统计方法推出描述变量间关系的定量表达式，以便从一个变量值推断另一个变量值。而相关关系则是描述变量间关系密切程度的。

为计算方便，相关系数也可用下式表示：

$$|r|=\frac{L_{xy}}{\sqrt{L_{xx}L_{yy}}} \tag{3-11}$$

【例3-2】求【例3-1】中标准溶液浓度与吸光度的相关系数。

解：由表3-2得到

$$L_{xx}=17.5，\ L_{yy}=0.0334，\ L_{xy}=0.7641$$

$$|r|=\frac{L_{xy}}{\sqrt{L_{xx}L_{yy}}}=\frac{0.7461}{\sqrt{17.5\times0.0334}}=0.9995$$

查表3-3，$n=6$，$f=n-2=4$，显著性水平取 0.01，
所以 $r_{(0.01,4)}=0.917$

$$|r|=0.9995>r_{(0.01,4)}$$

说明确定的回归方程有意义，并满足分析测试的要求。

任务四　一元非线性回归

在分析测试和其他生产问题的研究中，遇到的变量间关系并非全是线性关系。如大气中某污染物含量与疾病发生率的关系，河流中污染物浓度随迁移距离的增加而衰减等，两者间的关系常以指数关系或其他非线性关系而存在。如果不加区分地直接作线性回归处理，就不能正确地反映两变量间内在联系，此时若对其中一些量进行变换，就可使其原有的非线性关系转变为线性关系，然后再用上述的线性回归方法进行处理，就可以很容易地建立数学模式，得到经验公式。

在实际工作中得到一组实验数据后，要建立自变量和因变量间的关系式，选择何种基本模式，首先要根据专业理论知识而定。如无现成依据可循，可将数据在坐标纸上绘成图。根据一些关系所对应的曲线形状，选取合适的模式，并进行原变量变换和线性回归分析，建立回归方程，求出相关系数 r。如 r 的绝对值大于特定显著性水平时的相关系数临界值，说明建立的关系式是有意义的，否则需重新选取模式进行上述工作。

一、幂函数关系

幂函数关系的一般形式为

$$y=ax^b \tag{3-12}$$

其图形如图 3-3 所示。

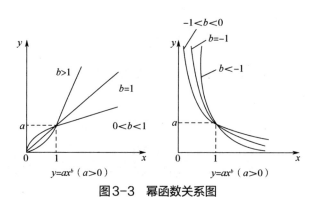

图 3-3　幂函数关系图

对幂函数关系式两边取对数，则式（3-12）变成如下形式

$$\lg y=\lg a+b\lg x \tag{3-13}$$

若令　　　　　　　　　　　　　$Y=\lg y$

$$X=\lg x$$

$$a'=\lg a$$

则式（3-13）变成了线性方程

$$Y=a'+bX$$

【例3-3】对某市1981～1985年间二氧化硫、氮氧化物、总悬浮微粒、氯气、降尘五项单因素的大气综合污染指数及该市肺癌、胃癌、白血病等恶性肿瘤发病率情况进行了分别调查，得到如下一组数据：

年份	1981	1982	1983	1984	1985
污染指数 x/P	1.008	0.958	0.716	0.922	0.724
发病率 y/1/10 万	141.9	135.7	107.7	128.4	115.9

试确立大气污染与恶性肿瘤发病率的关系。

解：以幂函数关系为模式，将所给数据进行变换，变换后的数据为

$X=\lg x$	0.0034	−0.0186	−0.1451	−0.03527	−0.1403
$Y=\lg y$	2.152	2.133	2.032	2.109	2.064

对变换后的值进行回归计算：

一元回归计算表（1）省略。一元回归计算表（2）见表3-4。

表3-4 一元回归计算表（2）

$\sum X=-0.33579$	$\sum Y=-10.4894$	$n=5$
$\bar{X}=-0.067158$	$\bar{Y}=2.09791$	
$\sum X^2=0.042327$	$\sum Y^2=22.0153$	$\sum XY=-0.69102$
$\dfrac{\left(\sum X\right)^2}{5}=0.022551$	$\dfrac{\left(\sum Y\right)^2}{5}=22.0055$	
$\dfrac{\left(\sum X\sum Y\right)}{5}=-0.70445$		
$L_{XX}=0.019776$	$L_{YY}=0.0098$	$L_{XY}=0.01343$
$b=\dfrac{L_{XY}}{L_{XX}}=0.679$		

续表		
$a'=\overline{Y}-b\overline{X}=2.09791+0.679\times0.067158=2.1435$		
Y=2.1435+0.679X		

相关系数

$$r=\frac{L_{XY}}{\sqrt{L_{XX}L_{YY}}}=\frac{0.01343}{\sqrt{0.019776\times0.0098}}=0.965$$

查表 $r_{(0.01,3)}$=0.959

$r_{计算}$＞$r_{0.01,3}$，说明所建立的回归方程有非常显著的相关关系。

将变量还原，

$$a'=\lg a=2.1435$$

$$a=139.15$$

则所建立的大气污染综合指数与恶性肿瘤发病率的关系式为

$$y=139.15x^{0.679}$$

二、指数关系

指数函数关系的一般形式为：

$$y=ae^{bx} \tag{3-14}$$

其图形如图 3-4 所示。

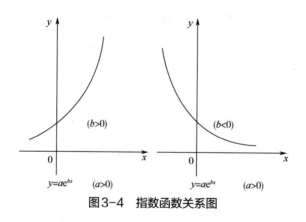

图3-4 指数函数关系图

将式（3-14）两侧取自然对数：

$$\ln y = \ln a + bx \qquad\qquad (3\text{-}15)$$

令 $Y = \ln y$　$a' = \ln a$

则式（3-14）变为线性方程形式：

$$Y = a' + bx$$

【例3-4】对某厂排放的铬渣进行浸溶试验。在塑料瓶中以 5∶1 的液固比用 pH 为 5.0 的水溶液 500mL 振荡浸溶 8h。浸出液与废渣用过滤法分离，在废渣中再重新加入 500mL 水溶液继续振荡浸溶。如此浸溶、分离共进行 5 次。对各次浸出液分别测定其中铬浓度，得到如下一组数据：

浸出液序号	1	2	3	4	5
浸出液体积	500	1000	1500	2000	2500
浸出液铬浓度/（10^2 mg／L）	26	1.6	1.1	0.55	0.40

假如把各次浸出液看成是连续的，试建立浸出液体积与其中瞬时铬浓度的关系。

解： 初步选择指数关系为模式：

$$C_i = C_0 e^{bv}$$

对上式两侧取对数：

$$\lg C_i = \lg C_0 + \frac{bv}{2.303}$$

令 $x = v$，$y = \lg C_i$，$a = \lg C_0$，$b' = \dfrac{b}{2.303}$

则原式变为

$$y = a + b'x$$

对原数据进行变换。将浸出液中铬浓度取对数，另根据题目要求出浸出液中瞬时铬浓度与体积的关系。因此将浸出液体积变成累积体积形式：

x_i	500	1000	1500	2000	2500
y_i	3.4	2.2	2.04	1.7	1.6

一元回归计算表（1）省略。一元回归计算表（2）见表3-5。

表3-5　一元回归计算表（2）

$\sum x=7500$	$\sum y=10.94$	$n=5$
$\bar{x}=1500$	$\bar{y}=2.188$	
$\sum x^2=1375\times10^4$	$\sum y^2=26.05$	$\sum xy=1436\times10$
$\dfrac{(\sum x)^2}{5}=1125\times10^4$	$\dfrac{(\sum y)^2}{5}=23.84$	$\dfrac{(\sum x\sum y)}{5}=1641\times10$
$L_{xx}=250\times10^4$	$L_{yy}=2.11$	$L_{xy}=-2050$
$b'=\dfrac{L_{xy}}{L_{xx}}=-8.2\times10^{-4}$		
$a=y-b'x=2.188+8.2\times10^{-4}\times1500=3.42$		
$y=3.42-8.2\times10^{-4}x$		

$$r=\frac{L_{xy}}{\sqrt{L_{xx}L_{yy}}}=\frac{-2050}{\sqrt{250\times2.11\times10^4}}=-0.892$$

查表$|r|=r_{0.05,3}=0.878$，因此所建回归方程是有意义的，将变量还原。

$$\lg C_0=a=3.42，则\ C_0=2630$$

$$b'=\frac{b}{2.303}，则b=2.303\times(-8.2\times10^{-4})=-1.9\times10^{-3}$$

得到浸出液中铬浓度与浸出液体积的关系式

$$C_i=2630e^{-1.9\times10^{-3}V}$$

三、其他常用的非线性关系模式

1. 双曲线函数

双曲线函数关系的一般形式为：$\dfrac{1}{y}=a+\dfrac{b}{x}$

令　　　　　　　　　　　　$Y=\dfrac{1}{y}，\ X=\dfrac{1}{x}$

变为线性方程形式：

$$Y=a+bX$$

2. 指数函数（2）

指数函数关系（2）的一般形式为：$y=ae^{\frac{b}{x}}$

$$令\ Y=\ln y,\ a'=\ln a,\ X=\frac{1}{x}$$

则变为线性方程形式：

$$Y=a'+bX$$

3. 对数函数

对数函数关系的一般形式为：$y=a+b\lg x$

令　　　　　　　　　　　$X=\lg x$

则变为线性方程形式：

$$Y=a+bX$$

4. S 形曲线

S 形曲线的一般形式为：$y=\dfrac{1}{a+be^{-x}}$

$$令\ Y=\frac{1}{y},\ X=e^{-x}$$

则变为线性方程形式：

$$Y=a+bX$$

如果散点图所反映出的变量 x 与 y 之间的关系和两个函数类型都有些相近，即无法确定选择哪种曲线形式更好，更能客观地反映出本质规律，则可以都作回归分析，然后按式（3-2）计算剩余平方和 Q 并比较，选择 Q 最小的函数类型。

 习题

1. 研究结果表明受教育时间与个人的薪金之间呈正相关关系。研究人员搜集了不同行业在职人员的有关受教育时间和年薪的数据，如下：

受教育时间 x/年	年薪 y/万元	受教育时间 x/年	年薪 y/万元
8	3.00	7	3.12

续表

受教育时间 x/年	年薪 y/万元	受教育时间 x/年	年薪 y/万元
6	2.00	10	6.40
3	0.34	13	8.54
5	1.64	4	1.21
9	4.30	4	0.94
3	0.51	11	4.64

（1）作散点图，并说明变量之间的关系；

（2）估计回归方程的参数；

（3）当受教育时间为15年时，试对其年薪进行置信区间和预测区间估计（$\alpha=0.05$）（$t_{0.025,11}=2.201$，$t_{0.025,10}=2.2281$，$t_{0.05,11}=1.7959$，$t_{0.05,10}=1.8125$）。

2．一国的货币供应量与该国的GDP之间应保持一定的比例关系，否则就会引起通货膨胀。为研究某国家的一段时间内通货膨胀状况，研究人员搜集了该国家的货币供应量和同期GDP的历史数据，如下表。

年份	货币供应量/亿元	该国 GDP/亿元
1991	2.203	6.053
1992	2.276	6.659
1993	2.454	8.270
1994	2.866	8.981
1995	2.992	11.342
1996	3.592	11.931
1997	4.021	12.763
1998	4.326	12.834
1999	4.392	14.717
2000	4.804	15.577
2001	5.288	15.689
2002	5.348	15.715

（1）试以货币供应量为因变量 y，该国家的GDP为自变量 x，建立回归模型；

（2）若该国家的GDP达到16.0亿元，那么货币供应量的置信区间和预测区间如何，取 $\alpha=0.05$。

3. 某地1993～2004年人均收入和耐用消费品销售额资料如下：

年份	人均收入 X/万元	耐用消费品销售额 Y/万元
1993	3.0	80
1994	3.2	82
1995	3.4	85
1996	3.5	90
1997	3.8	100
1998	4.0	120
1999	4.5	140
2000	5.2	145
2001	5.3	160
2002	5.5	180
2003	5.7	208
2004	5.9	219

要求：

（1）根据以上简单相关表的资料，绘制相关散点图，并判别相关关系表现形式和方向。

（2）试以耐用消费品销售额为因变量、人均收入为自变量做回归分析。

4. 某企业上半年成品产量与单位成本资料如下：

月份	产量/千件	单位成本/（元/件）
1	32	73
2	28	72
3	39	71
4	42	66

要求：

（1）计算成品产量与单位成本的相关系数，并说明相关方向和相关程度。

（2）建立回归直线方程（以单位成本为因变量），指出产量每增加1千件时单位成本平均下降多少？

（3）计算估计标准误差。

（4）假定产量为50千件时，估计单位成本的取值区间？（只考虑估计标准误差）

5. 某企业某种产品产量与单位成本资料如下：

月份	1	2	3	4	5	6
产量/千件	2	3	4	3	4	5
单位成本/（元/件）	73	72	71	73	69	68

要求：

（1）计算相关系数，说明相关程度。

（2）确定单位成本对产量的直线回归方程，指出产量每增加1000件时，单位成本平均下降多少元？

（3）如果单位成本为70元时，产量应为多少？

（4）计算估计标准误差。

6. 测得某国10对父子身高如下：

单位：英寸（1 英寸=0.0254m）

父亲身高（x）	60	62	64	65	66	67	68	70	72	74
儿子身高（y）	63.5	65.2	66	65.5	66.9	67.1	67.4	68.3	70.1	70

（1）对变量y与x进行相关性检验；

（2）如果y与x之间具有线性相关关系，求回归直线方程；

（3）如果父亲的身高为73英寸，估计儿子身高。

7. 10名同学在高一和高二的数学成绩如下表：

x	74	71	72	68	76	73	67	70	65	74
y	76	75	71	70	76	79	65	77	62	72

其中x为高一数学成绩，y为高二数学成绩。

（1）y与x是否具有相关关系；

（2）如果y与x是相关关系，求回归直线方程。

8. 某汽车生产商欲了解广告费用x对销售量y的影响，收集了过去12年的有关数据。通过计算得到下面的有关结果：

方差分析表

变差来源	自由度 df	平方和 SS	均方 MS	F值	F临界值
回归	1	A	1422708.6	C	2.17×10^{-9}
残差	10	220158.07	B		
总计	11	1642866.67			

参数估计表

项目	回归系数	标准误差	统计量 t	P 值
截距	363.6891	62.45529	5.823191	0.000168
X 值	1.420211	0.071091	19.97749	2.17×10^{-9}

（1）求 A、B、C 的值。

（2）销售量的变差中有多少是由于广告费用的变动引起的？

（3）销售量与广告费用之间的相关系数是多少？

（4）写出估计的回归方程并解释回归系数的实际意义。

（5）检验线性关系的显著性（ α =0.05）。

9. 某企业为了研究产品产量与总成本的关系，随机抽取了 7 个时间点的产量与成本数据，具体数据如下表：

产量 x/件	20	23	27	31	31	40	38
总成本 y/万元	28	30	33	36	39	44	41

（1）试用最小二乘法拟合总成本对产量的直线回归方程。

（2）对回归系数进行检验（显著性水平为 0.05）。

（3）当产量为 30 件时，总成本 95% 的预测区间是多少？

附：$\sum x=210$，$\sum y=251$，$\sum xy=7784$，$\sum x^2=6624$，$\sum y^2=9207$，$t_{0.025}(5)=2.571$。

10. 下面是 10 家校园内某食品连锁店的学生人数及其季度销售额数据：

学生人数 x/千人	2	6	8	8	12	16	20	20	22	26
销售收入 y/千元	58	105	88	118	117	137	157	169	149	202

（1）用最小二乘法估计销售额对学生人数的回归方程。

（2）计算估计的标准误差。

（3）当学生人数为 25000 人时，销售收入至少可达多少？

附：$\sum x=140$，$\sum y=1300$，$\sum xy=21040$，$\sum x^2=2528$，$\sum y^2=184730$。

11. 某高科技开发区 5 个软件企业的销售额和利润数据如下：

数据分布特征指标	产品销售额 x/万元	产品利润额 y/万元
平均值	421	113
标准差	30.07	15.41

（1）根据上述数据，计算销售额与利润之间的相关系数。

（2）拟合产品利润对销售额的回归方程。

（3）当销售额为600万元时，这家高科技小企业产品利润额的点估计值是多少？

附：$\sum xy=240170,\sum x=890725,\sum y=65033$。

12. 有6个女学生的身高与体重资料如下：

身高 X/m	1.45	1.45	1.51	1.52	1.60	1.65
体重 Y/kg	35	38	40	42	47	50

且 $\sum X=9.18$；$\sum Y=252$；$\sum X^2=14.078$；$\sum Y^2=10742$；根据以上资料：

（1）求身高与体重的相关系数，并分析相关的密切程度和方向。

（2）拟合体重关于身高的直线回归方程。若某女同学身高1.63m，估计其体重大约为多少公斤？

13. 某市居民人均月收入与社会商品零售总额资料如下：

年份	2002	2003	2004	2005	2006
人均月收入/元	800	850	900	950	980
社会商品零售总额/亿元	20	30	32	36	40

（1）求人均月收入时间数列的直线趋势方程，并估计2007年的人均月收入。

（2）求人均月收入与社会商品零售总额的相关系数，并拟合线性回归方程，说明回归系数的经济意义。

（3）根据人均月收入的估计值，推算2007年的社会商品零售总额。

14. 一些宝石的质量与其价格的资料如下表（1克拉=0.2g）：

质量/克拉	0.17	0.16	0.17	0.18	0.25	0.16	0.15	0.19	0.21
价格/美元	353	328	350	325	642	342	322	485	483

（1）画散点图。

（2）拟合线性回归方程，并解释经验回归方程各系数的实际意义。

（3）如果某宝石重0.23克拉，请预测其价格为多少比较合适？

15. 其他条件不变的情况下，某种商品的需求量（y）与该商品的价格（x）有关。现对给定时期内的价格与需求量进行观察，得到如下一组数据：

价格 x/元	10	6	8	9	12	11	9	10	12	7
需求量 y/kg	60	72	70	56	55	57	57	53	54	70

（1）计算需求量与价格的相关系数。

（2）建立需求量对价格的回归方程，并解释回归系数的实际意义。

16. 根据下面的数据建立回归方程，计算残差、判定系数、估计标准误差，并分析回归方程的拟合度。

x	15	8	19	12	5
y	47	36	56	44	21

单指标试验

任务一 试验中常用的概念

一、指标、因子和水平

在试验设计中用来衡量试验效果好坏所采用的标准，称为**试验指标**，简称指标。例如，为了研究某种金属缓蚀剂的效能，试验过程中，金属的缓蚀率即为指标。只有一个指标的试验叫单指标试验。有两个以上指标的试验叫多指标试验。

影响试验结果的因素叫作**因子**。例如金属缓蚀剂的效能会受到温度、湿度、周围介质的 pH 以及氧气浓度的影响，这些都是研究缓蚀剂效能试验的因子。因子有两类，一类是试验中可以人为调节控制的，称作可控因子；另一类是由于自然条件和设备等条件的限制，暂时还不能人为地调节的因子，称作不可控因子。试验设计中，一般只考虑可控因子，在后面叙述中，凡没有特别说明的，都是可控因子。

一个因子又可以处于不同的状态，因子的状态不同，会引起指标的变化。因子所处的状态叫作因子的**水平**。某因子在试验中有几种状态，就叫它几水平因子。如果一个试验有多个因子 A、B、C……。因子的水平便用 A_1、A_2、A_3……，B_1、B_2、B_3……，C_1、C_2、C_3……表示。

如果试验包含 n 个因子，每个因子都是 3 个水平，就叫它 3^n 因子试验。那么 2^n 因子试验就是一个包含 n 个因子，每个因子都是 2 水平的试验；$2^n \times 3^m$ 因子试验则是一个包含 $n+m$ 个因子（其中 n 个因子是 2 水平，m 个因子是 3 水平的试验）。

二、全面试验与"简单比较法"

（1）全面试验：就是让不同因子的不同水平各碰一次的试验方案，如 3^3 试验：

$$A_1\begin{cases}B_1\begin{cases}C_1\\C_2\\C_3\end{cases}\\B_2\begin{cases}C_1\\C_2\\C_3\end{cases}\\B_3\begin{cases}C_1\\C_2\\C_3\end{cases}\end{cases}\quad A_2\begin{cases}B_1\begin{cases}C_1\\C_2\\C_3\end{cases}\\B_2\begin{cases}C_1\\C_2\\C_3\end{cases}\\B_3\begin{cases}C_1\\C_2\\C_3\end{cases}\end{cases}\quad A_3\begin{cases}B_1\begin{cases}C_1\\C_2\\C_3\end{cases}\\B_2\begin{cases}C_1\\C_2\\C_3\end{cases}\\B_3\begin{cases}C_1\\C_2\\C_3\end{cases}\end{cases}$$

这样，全部下来要做 $9+9+9=3^3$ 次试验。如果是一个 5^6 因子试验，则全面试验的次数是 $5^6=15625$。

（2）"简单比较法"：试验分批进行，每批试验中只变动一个因子的水平，其余的因子各自取一个固定的水平。

全面试验次数太多，尤其当因子多水平多时，往往无法做完全部试验，与全面试验比较起来，简单比较法降低了试验次数。但"简单试验法"忽略了各因子之间的配合及相互影响，不一定能够找到真正的最优工艺条件，因此有必要探讨一种较好的方法，对试验方案进行设计，经过较少次数的试验，取得最优工艺条件，常用的方法就是正交试验法。

（3）**正交表**：正交表是正交试验设计法中用来合理安排试验，并对数据进行统计分析的一种特殊表格。表示方式为：$L_N(S^K)$，L 为正交表的标志；N 为表格的横行数（简称行），每一行表示一次试验，故 N 也是要做的试验次数；K 为表格的直列数（简称列），每一列可安排一个因子，故 K 是最多允许安排的因子个数；S 为表格的每列中数码的种数，每个数码代表一个水平，故 S 是可安排因子的水平数。

如 $L_9(3^4)$ 是最多可安排 4 个因子，每个因子都取 3 个水平，共做 9 次试验的正交表；$L_8(4\times2^4)$ 是最多可安排 5 个因子（其中一个因子取 4 水平，其余 4 个因子都取 2 水平），共做 8 次试验的正交表。常用正交表有 $L_4(2^3)$、$L_9(2^4)$、$L_{16}(4^3)$、…，见附录二。

正交表有两个特点：

① 每一列中，不同的数字出现的次数相等。

② 任意两列中，如果将同一横行的两个数字看成有序数对（即左边的数放在前，右边的数放在后，排成一对），则每种数对出现的次数相等。

任务二　正交试验法

什么叫正交试验法？简单地说，**正交试验法**就是选用一张合适的正交表来制订试验方案，并用所选用的这张正交表来分析试验结果。

为了便于说明，通过下面例题来介绍正交试验设计法。

【例4-1】Beta-807预膜条件试验。这个试验的目的是，希望把预膜后的钢样放在浓度相同和温度相同的腐蚀介质中，并浸泡相同的时间，能得到较低的腐蚀率或较高的缓蚀率。因此，把缓蚀率作为指标。

从以往积累的经验和有关资料分析，认为影响预膜效果的因素是使用腐蚀介质浓度 $[(NaPO_3)_6:ZnSO_4 \cdot 7H_2O\,(mg/L)]$、pH值、预膜时间和温度；并根据已有资料及初步预试验确定，该4种因子均取3水平，具体如表4-1：

表4-1　Beta-807预膜条件试验的因子与因子水平表

水平	A 时间/h	B 浓度/（mg/L）	C 温度/℃	D pH
1	8	640：256	40	5.8
2	16	640：208	30	5.2
3	24	640：160	50	5.5

解：确定试验方案

（1）选正交表：这是一个 3^4 因子试验。需选用一张能安排4个因子的3水平正交表来安排这个试验，可选 $L_{27}(3^{13})$ 与 $L_9(3^4)$，但 $L_{27}(3^{13})$ 要做27次试验，试验次数比较多，而 $L_9(3^4)$ 只做9次试验，因此，选用 $L_9(3^4)$。

（2）排正交表：$L_9(3^4)$ 有4列，如果每一列排1个因子，那么4个列正好排完4因子。如可以把因子A、B、C、D分别排在 $L_9(3^4)$ 的第一、第二、第三与第四列上。这样一来，排有因子的那一列里面的1、2、3就可用来分别地表示该因子的第一、第二与第三水平了。如果把因子的第一、第二与第三水平分别写在该因子所在列的1、2、3旁边，就得到了试验方案（见表4-2）。如1号试验是：预膜时间8h，浓度是640：256，温度是40℃，pH是5.8；而9号试验是：预膜时间24h，浓度是640：160，温度是30℃，pH是5.8。

（3）做试验：定好试验方案以后，可按试验号1~9的顺序进行试验，也可不按顺序进行试验。如果要缩短时间，而且条件允许，可把9个试验号分批同时进行试验。但是，在所考察的范围内，如果要由试验结果分析出最优工艺条件，一定要把9个试验都做完。

（4）分析试验结果：首先，把各号试验结果写入表4-2缓蚀率那一栏内。从试验结果可以看出，第6号试验的缓蚀率最高，6号试验方案是否可以作为最优工艺条件了呢？这需要进行分析。

表4-2 Betz-807预膜条件试验方案与结果表

试验号	试验方案				试验结果缓释率/%
	A	B	C	D	
1	①8	①640 : 256	①40	①5.8	38.24
2	①8	②640 : 208	②30	②5.2	94.14
3	①8	③640 : 160	③50	③5.5	80.43
4	②16	①640 : 256	②30	③5.5	79.88
5	②16	②640 : 208	③50	①5.8	81.39
6	②16	③640 : 160	①40	②5.2	95.80
7	③24	①640 : 256	③50	②5.2	91.56
8	③24	②640 : 208	①40	③5.5	85.53
9	③24	③640 : 160	②30	①5.8	77.67

为了分析计算出最优工艺条件，首先必须区分这4个因子中哪些是主要的，哪些是次要的。这就需要有一种方法能计算出各因子对指标影响的大小。现以因子A为例分析如下。

因子A排在$L_9(3^4)$的第一列，可按A的1水平、2水平、3水平把9个试验分成三批。对应于A_1的3个试验（1～3号）为第一批，指标值总和用K_1表示，K_1=38.24+94.14+80.43=212.81；对应于A_2的3个试验（4～6号）为第二批，指标值的总和用K_2表示，K_2=79.88+81.39+95.80=257.07，对应于A_3的3个试验（7～9）为第三批，指标值的总和用K_3表示。K_3=91.52+85.53+77.67=254.72。

这样一来，只要仔细观察就知道，其余因子（B、C、D）的每一水平分别在第一批、第二批、第三批试验中各出现一次且只出现一次。从平均角度来看，在这三批试验中，所有其余因子对指标的影响是相同的，因此，第一批试验指标的平均值$k_1=K_1/3$，第二批试验指标的平均值$k_2=K_2/3$，第三批试验指标的平均值$k_3=K_3/3$之间的差别（一般用k_1、k_2、k_3中最大与最小之差，即"极差"R表示）是由因子A所选水平的差异造成的。R越大，表明因子A在所选水平范围内对指标的影响越大。

同理，可计算出因子B、C、D的K、k、R详见表4-3。

表4-3 Betz-807预膜条件试验结果计算表

项目	A	B	C	D
K_1	212.81	209.68	219.57	197.30
K_2	257.07	261.06	251.69	281.50

续表

项目	A	B	C	D
K_3	254.72	253.90	253.38	245.84
k_1	70.94	69.89	73.19	65.77
k_2	85.69	87.02	83.90	93.83
k_3	84.91	84.63	84.46	81.95
R	14.75	17.13	11.27	28.06

比较各因子的 R 值，就可定出它们的主次关系是：

（主）D——B——A——C（次）

从理论上说，主要因子与次要因子都要分别控制在使指标最好的水平上。不过由于次要因子对指标的影响不太显著，可根据实际情况（如原料的贵重与否、条件的难易程度等）对次要因子的水平做适当调整。

从表 4-3 中的 k_i 可以看出：较好工艺条件是 $A_2B_2C_3D_2$，即预膜时间为 16h，$(NaPO_3)_6$：$ZnSO_4 \cdot 7H_2O$ 控制在 640：208 温度控制在 50℃，pH 取 5.2。

由于因子 C 是最次要的因素，取 30℃比 50℃又接近常温，便于控制，因此，取 $A_2B_2C_2D_2$ 为最优工艺条件，但 $A_2B_2C_2D_2$ 在前面 9 个试验中未做过，需做验证试验，经过验证，缓蚀率比前面 9 个试验的要高。

有时为便于分析，常以表 4-3 中的 k_i 为纵坐标，以不同因子水平为横坐标，作出指标与因子的关系图。从指标与因子的关系图可以更直观地观察出各因子的最好水平，从而定出较好工艺条件。

经过上面例题的分析可以归纳出，在多因子试验中，使用正交试验法的步骤是：

（1）定好指标、因子和因子的水平，并列出因子和因子水平表。这一步一般需根据专业知识或以往的经验来确定。

（2）根据因子的个数，因子的水平数以及试验的次数，选用一张合适的正交表。选正交表时，应先看水平数，再看因子数；在能满足需要的情况，尽可能选试验次数少的正交表。

（3）将各因子及其水平填入正交表中相应位置，得到试验方案。

（4）根据试验方案做试验，测出各次试验的指标值。

（5）根据试验结果计算出各因子的 K、k、R 并列出结果的分析计算表。

（6）比较各 R 值的大小，定出各因子的主次顺序（对于主要因子，一定要控制在使指标最好的水平上；对于次要因子，可根据实际情况选取它们的水平）。

（7）以 k 值（即指标）为纵坐标，以各因子为横坐标，作出指标与因子的关系图。

（8）定出较好工艺条件，做验证试验。最后，定出最优工艺条件。

如果应用得较熟练，第7步可省略。

在此，需说明，上面方法所得的"最优"，是在所选定的各因子水平范围内来说的，当各因子的水平改变以后，"最优"就不一定最优了。

【例4-2】WH-11缓蚀剂性能试验。用EDTA氨化液清洗锅炉时，需采用一种缓蚀剂，以防止对金属基体的腐蚀，应用正交试验法，已找到两种（WH-10，WH-11）较好的缓蚀剂，本试验是进一步确定WH-11的使用条件及剂量配比，使腐蚀率更低。

经分析，认为影响这个试验的因子和因子的水平如表4-4所示。

表4-4　WH-11缓蚀剂性能试验因子与因子水平表

水平	A	B	C	D	注
	控制温度/℃	EDTA氨化液/%	平平加/%	复合抑制剂/%	
1	150	4	0.15	0.10	pH控制在9.0～9.2，时间控制在4h。pH与时间不作为因子排入正交表
2	130	2	0.10	0.05	
3	160	5	0.30	0.20	
4	140	3	0.20	0.15	

这是一个4^4因子试验。需选用一张能安排4个因子的4水平正交表，可用$L_{16}(4^4)$来安排这个试验，试验方案如表4-5所示。

试验后，把各结果写在指标栏内，见表4-5。这里共16次试验，每个因子有4个水平。因此，K_1、K_2、K_3、K_4都是4个试验结果的总和，而$k_1=K_1/4$，$k_2=K_2/4$，$k_3=K_3/4$，$k_4=K_4/4$。R是用k_1、k_2、k_3、k_4中的最大值减最小值，具体计算结果见表4-6。

表4-5　WH-11缓蚀剂性能试验方案与试验结果表

试验号	试验方案				试验结果腐蚀率/[g/(m²·h)]
	A	B	C	D	
1	①150	①4	①0.15	①0.10	1.44
2	①150	②2	②0.10	②0.05	1.63
3	①150	③5	③0.30	③0.20	2.54
4	①150	④3	④0.20	④0.15	5.01
5	②130	①4	②0.10	③0.20	2.74
6	②130	②2	①0.15	④0.15	2.28
7	②130	③5	④0.20	①0.10	6.44
8	②130	④3	③0.30	②0.05	3.89

续表

试验号	试验方案				试验结果腐蚀率 / [g/（m²·h）]
	A	B	C	D	
9	③160	①4	③0.30	④0.15	2.80
10	③160	②2	④0.20	③0.20	2.91
11	③160	③5	①0.15	②0.05	7.00
12	③160	④3	②0.10	①0.10	9.25
13	④140	①4	④0.20	②0.05	1.50
14	④140	②2	③0.30	①0.10	2.41
15	④140	③5	②0.10	④0.15	3.51
16	④140	④3	①0.15	③0.20	2.84

表4-6　WH-11缓蚀剂性能试验结果计算表

项目	A	B	C	D
K_1	10.62	8.48	13.56	19.54
K_2	15.35	9.23	17.13	14.02
K_3	21.96	19.49	11.64	11.03
K_4	10.26	20.99	15.86	13.60
k_1	2.66	2.12	3.39	4.89
k_2	3.84	2.31	4.28	3.51
k_3	5.49	4.87	2.91	2.76
k_4	2.57	5.25	3.97	3.40
R	2.92	3.13	1.37	2.13

各因子的主次顺序是：

（主）B——A——D——C（次）

结果分析表明：WH-11缓蚀剂较好的使用条件是$A_4B_1C_3D_3$即温度140℃，EDTA氨化液4%，平平加0.3%，复合抑制剂0.2%，这个条件不在前面做过的16个试验中，需做验证。但1号、2号与13号试验结果都比较好，验证试验必须把它们包括进去。

验证方案	试验结果腐蚀率	指标平均值
1号	1.44 2.27	1.86
2号	1.63 1.40	1.52

续表

验证方案	试验结果腐蚀率	指标平均值
13 号	1.50 1.48	1.49
$A_4B_1C_3D_3$	1.36 1.50	1.43

经验证试验表明，WH-11 缓蚀剂的最优使用条件是 $A_4B_1C_3D_3$（其中缓蚀剂的配方，即平平加与复合抑制剂的配比可按 1.5：1 的比例配制），腐蚀率是 1.43。

 习题

1. WH-10 缓蚀剂使用条件及剂量配比试验所选因子与因子的水平如下表所示，试制订出试验方案。

水平	控制温度/℃	EDTA 氨化液/%	硫基苯/%	平平加/%	乌洛托品/%
1	140	5.0	0.15	0.10	0.30
2	160	3.0	0.20	0.05	0.50
3	130	6.0	0.25	0.20	0.20
4	150	4.0	0.10	0.15	0.40

2. 某厂回收率试验的验证方案与试验结果如下表所示，试分析计算出最好工艺条件（1mmHg=133.322Pa）。

试验号	试验方案				试验结果效率/%
	A 温度/℃	B 时间/h	C 原料配比	D 真空变/mmHg	
1	①60	①2.5	①1:1:1	①500	86
2	①60	①2.5	②1:2:1	②600	95
3	①60	②3.5	①1:1:1	②600	91
4	①60	②3.5	②1:2:1	①500	94
5	②80	①2.5	①1:1:1	②600	91
6	②80	①2.5	②1:2:1	①500	96
7	②80	②3.5	①1:1:1	①500	83
8	②80	②3.5	②1:2:1	②600	88

3. 三聚磷酸钠预膜条件试验的试验方案与试验结果如下表所示,试分析计算出最好工艺条件。

试验号	试验方案			试验结果 腐蚀率/%
	A 二聚浓度/$\times 10^{-6}$	B 预膜液(pH)	C 预膜时间/h	
1	①200	①6.5	①48	91.06
2	①200	②6.2	②42	90.94
3	①200	③6.8	③36	93.05
4	②250	①6.5	②42	90.18
5	②250	②6.2	③36	85.88
6	②250	③6.8	①48	92.20
7	③300	①6.5	③36	87.62
8	③300	②6.2	①48	86.75
9	③300	③6.8	②42	90.96

4. 某实验考察因素A、B、C、D,选用表$L_9(3^4)$,将因素A、B、C、D依次排在第1、第2、第3、第4列上,所得9个实验结果依次为:

45.5,33.0,32.5,36.5,32.0,14.5,40.5,33.0,28.0

试用极差分析方法指出较优工艺条件及因素影响的主次,并作因素–指标图。

任务一　多指标试验

许多试验需要同时考虑几个指标，如新产品试制，就要同时考虑高产、优质、低消耗，这就是一个多指标试验问题。多指标试验方案的制订与单指标试验相同。

进行多指标试验的目的是要找出一个工艺条件，使得每个指标都达到较好的效果。但实际情况是，往往对不同的指标可以选出不同的较好工艺条件。这样，各指标所选出的条件可能会产生矛盾。如何解决呢？可采用以下方法。

一、综合平衡法

用分析单指标试验结果的方法，对多指标试验的每个指标逐个地进行分析计算，而后，用统筹兼顾的原则，选择较好的工艺条件，这一方法叫综合平衡法。

【例5-1】某电厂除盐设备调试试验。该厂自改装逆流再生以来，水质及酸耗、碱耗较稳定，运行情况良好，为了进一步降低碱耗和含硅量，对 2 号阴床进行了调试，调试试验所选因子和因子的水平如表 5-1 所示。

表5-1　试验因子与因子水平表

水平	G 进碱量/L	C 浓度/%	V 流速/（m/h）
1	200	0.8	4.0
2	250	1.0	3.5

选用 $L_4(2^3)$ 来安排试验，试验方案与结果如表5-2。

这是一个有两个指标的试验。在表5-2中，不考虑含硅量这一列，只考虑碱耗，就成了一个单指标试验结果表了。于是，可按单指标试验来分析，计算结果填入表5-2碱耗栏内。同理可得到表5-3中含硅量那一栏的计算结果。

从表5-3中的 R 值大小，可得各因子的主次：

碱耗 （主）C——V——G（次）

含硅量 （主）V——C——G（次）

表5-2 试验方案与结果表

试验号	试验方案			试验结果	
	进碱量/L	浓度/%	流速/（m/h）	碱耗/（g/mol）	含硅量/%
1	200	0.8	4.0	53.13	31.50
2	200	1.0	3.5	52.93	27.70
3	250	0.8	3.5	63.80	26.70
4	250	1.0	4.0	49.70	36.60

表5-3 试验结果计算表

项目	碱耗/（g/mol）			含硅量/%		
	G	C	V	G	C	V
K_1	106.08	116.95	102.85	59.2	58.2	68.0
K_2	113.50	102.63	116.73	63.2	64.2	54.4
k_1	53.04	58.48	51.43	29.6	29.1	34.0
k_2	56.75	51.32	58.37	31.6	32.1	27.2
R	3.71	7.16	6.94	2.0	3.0	6.8

根据生产要求，碱耗与含硅量越低越好，由表5-3中的 k 值可得：碱耗的较好工艺是 $G_1C_2V_1$，含硅量的较好工艺条件是 $G_1C_1V_2$。为了找到使两个指标都较好的工艺条件，用统筹兼顾的原则分析如下：

因子 C 对碱耗而言是主要因子，应该取较好的水平 C_2。C 对含硅量而言不是主要因子，因此，决定 C 取 C_2。

因子 V 对含硅量而言是主要因子，应该取较好的水平 V_2。V 对碱耗而言不是主要因子，因此，决定 V 取 V_2。

因子 G 对两个指标而言，都是次要因子，从上面的分析可知，G 取 G_1，对两个指标都较好。综上，这个多指标试验的较好工艺条件是 $G_1C_2V_2$。

2号阴床经调试，采用 $G_1C_2V_2$ 作为生产条件后，碱耗由原来的70g/mol，降低到 53g/mol，含硅量降到27μg/L。

二、综合评分法

由有关人员对每一指标制定一个评定优劣的标准，而后，对每号试验的每个指标，根据制定的标准逐个给分，最后，将每一号试验的所有指标的总分作为单指标试验结果来分析，从而解决多种指标试验中选择较好工艺条件的矛盾，这叫综合评分法。

【例5-2】通过硫酸亚铁镀膜模拟试验，对成膜的较好工艺条件做一个比较系统的探讨。根据有关单位积累的经验，这次试验选择了表面状态、流速、电位和pH 4个因子，都取3个水平，因子和因子水平如表5-4所示。

表5-4　试验因子与因子水平表

水平	A 表面状态	B 流速/（m/h）	C 电位	D pH
1	不处理	0.1	不通电	6.5
2	水冲24h	0.3	−1.2V	5.5
3	碱洗（NaOH%）	0.5	−1.5V	5.0

除上述4个因子外，在试验中还固定 Fe^{2+} 的浓度 $50 \times 10^{-6} \sim 100 \times 10^{-6}$，镀膜时间为96h。

选用 $L_9(3^4)$ 来安排试验，试验方案如表 5-5 所示。按表 5-5 的试验方案进行试验，并将试验结果也填在表 5-5 中。

这是一个有外表、耐蚀性、含铁量、电化学（包括腐蚀电位、极限电流与钝化电流）共 4 个指标的试验。

评定各指标优劣的标准如下。

（1）外表：棕红色膜，均匀，基本无阴阳脸（阴阳脸即硫酸亚铁成膜面，从外观上看经常出现断面、上下不均匀的现象）者为优，得 3 分；偏黑色膜，略有阴阳脸者居中，得 2 分；苍绿色膜，明显阴阳脸，膜薄者为劣，得 1 分。

（2）耐蚀性：主要根据1mol/L的 HCl 滴蚀情况而定，滴蚀时间越长，耐蚀性越好，60s 以上为优，得 3 分；30～60s 者居中，得 2 分；30s 以下者为劣，得 1 分。

（3）含铁量：$100μg/cm^2$ 以上为优，得 3 分；$50～100μg/cm^2$ 居中，得 2 分；$50μg/cm^2$ 以下者为劣，得 1 分。

（4）电化学

a. 200μA 处的腐蚀电位，−180mV 以上者为优，得 5 分；−180～−200mV 居中，得 3

分；−200mV 以下者为劣，得 1 分。

　　b. 极限电流，小于 3.5mA 者为优，得 1 分；3.5～35mA 者居中，得 0.5 分；大于 35mA 者为劣，得 0 分。

　　c. 62mA 处的钝化电流，1～5mA 为优，得 3 分；5～8mA 者居中，得 2 分；8mA 以上者为劣，得 1 分。

表5-5　试验方案与结果

试验方案					测试指标					
试验号	A	B	C	D	外表	耐蚀性 /s	含铁量 /(μg/cm²)	腐蚀电位 /mV	极限电流 /mA	钝化电流 /mA
1	①	①	①	①	棕黑 棕黑	20 25	70 51	−184	7.7	9.00
2	①	②	②	②	褐色 褐绿	24.7 15.8	110 130	−200	5.00	14.70
3	①	③	③	③	棕黑 棕红	22.2 30.1	70 103	−190	3.5	3.10
4	②	①	②	③	浅棕红 浅棕红	20.1 20.1	103 109	−205	6.7	14.10
5	②	②	③	①	棕红 棕黑	19.7 20.9	145 128	−245	7.35	7.35
6	②	③	①	②	褐色 褐色	16.4 11.1	100 100	−189	4.10	2.60
7	③	①	③	②	黑褐 黑褐	39.4 38.3	137 123	−180	4.00	2.60
8	③	②	①	③	黑褐 黑褐	23 27.5	104 93	−166	0.85	0.80
9	③	③	②	①	棕红 棕红	72 54.6	169 136	−222	10.50	6.70

　　根据上述标准，1 号试验的外表是棕黑，有明显阴阳脸，得 1 分；耐蚀性是 30s 以下，得 1 分；含铁量是在 50～100μg/cm² 间，得 2 分，电化学得 4.5 分（腐蚀电位在−200～−180mV 得 3 分；极限电流在 3.5～35mA 间，得 0.5 分；钝化电流在 8mA 以上，给 1 分）。于是，1 号试验的总分是 1+1+2+4.5=8.5。

　　同理，可以把每号试验的指标用分数表示出来，并标出每号试验的总得分，如表 5-6 所示。于是，每号试验结果的优劣，可通过它们所得总分的多少来表示了。因此，这个多指标试验结果的分析，可直接转化为以总分作指标的单指标试验来分析。分析结果见表 5-7。

表5-6 分析结果得分计算表

试验号	A	B	C	D	外表得分	含铁量得分	耐腐蚀性得分	电化学得分	总分
1	①	①	①	①	1	2	1	4.5	8.5
2	①	②	②	②	1	3	1	4.5	9.5
3	①	③	③	③	1	2.5	1.5	7	12
4	②	①	②	③	2	3	1	2.5	8.5
5	②	②	③	①	2	3	1	2	8.0
6	②	③	①	②	2	3	1	6.5	12.5
7	③	①	③	②	2	3	2	8.5	15.5
8	③	②	①	③	2.5	2.5	1	9	15
9	③	③	②	①	2	3	2.5	3.5	11

表5-7 测试结果计算表

项目	A	B	C	D
K_1	30.0	32.5	36.0	27.5
K_2	29.0	32.5	29.0	37.5
K_3	41.5	35.5	35.5	35.5
k_1	10.0	10.83	12.0	9.17
k_2	9.67	10.83	9.67	12.5
k_3	13.83	11.83	11.83	11.83
R	4.16	1.00	2.33	3.33

由表5-7可知,各因子的主次是

(主)A——D——C——B(次)

较好的工艺条件是 $A_3D_2C_1B_3$ 即表面状态用 5% NaOH 碱洗,pH=5.5,不通电,流速为 0.5m/h。将上述工艺条件用于某电厂 12.5 万千瓦机组的凝汽器上进行硫酸亚铁镀膜,效果较好。

任务二 混合水平试验

有些试验,某些因子由于条件所限不能多选水平,而另外一些因子由于要偏重考察则需多取几个水平，这就会遇到水平数不等的试验，叫作混合水平试验。安排这种试验的方法有两种，其一，直接用混合型正交表；其二，在水平数相等的正交表内安排水平数不等的试验，叫它拟水平法。

一、直接使用混合型正交表

【例5-3】外延片生长试验，试验所选用因子和因子的水平如表5-8所示。

表5-8　试验因子与因子水平表

水平	A 饱和度	B 竖直梯度	C 冷却速度	D 底片种类	E 进片温度
1	最低	下	1（°）/min	甲	高
2	高	上	0.5（°）/min	乙	低
3	较低				
4	次高				

这是 1 个具有 4 水平的因子与 4 个具有 2 水平的因子试验，可从混合水平表中找到合适的正交表，即 $L_8(4 \times 2^4)$ 来安排这个试验。试验方案与试验结果如表5-9所示。

表 5-9 中每一号试验的总分是由四项考察指标经加权而得的，总分越高表示试验效果越好。试验结果的分析计算与各因子水平数相等的试验类似，所不同的是，第一列需计算四个 K 与 k，每个 K 由两个数相加，因而 $k = \dfrac{K}{2}$；而其他四列只需计算两个 K 与 k，每个 K 由四个数相加，因而 $k = \dfrac{K}{4}$

表5-9　试验方案和结果表

试验号	试验方案					指标得分
	A	B	C	D	E	
1	①最低	①下	①1	①甲	①高	5
2	①最低	②上	②0.5	②乙	②低	10
3	②高	①下	①1	②乙	②低	58.5
4	②高	②上	②0.5	①甲	①高	54
5	③较低	①下	②0.5	①甲	②低	70.5
6	③较低	②上	①1	②乙	①高	7.5
7	④次高	①下	②0.5	②乙	①高	30
8	④次高	②上	①1	①甲	②低	57

把每号试验的总分作为一个单指标试验来分析，计算结果如表5-10所示。

表5-10　测试结果计算表

项目	A	B	C	D	E
K_1	15	164	128	186.5	96.5
K_2	112.5	128.5	164.5	106	196
K_3	78				
K_4	87				
k_1	7.5	41	32	46.6	24.1
k_2	56.25	32.1	41.1	26.5	49
k_3	39				
k_4	43.5				
R	48.8	8.90	9.10	20.1	24.9

由 R 值可得各因子的主次如下

（主）A→E→D→C→B（次）

较好的工艺条件为 $A_2B_1C_2D_1E_2$，即饱和度"高"，竖直梯度"下"，冷却速度"0.5（°）/min"底片种类"甲"，进片温度"低"，这个条件在8个试验中未做过，但考虑到这个条件与3号试验很接近，只在次要因子C、D上稍有差别，而3号试验在8个试验中得分也相当高，乙种底片又是自制的，所以3号试验可以作为一个较好工艺条件。此外，8个试验中得分最多的是5号试验，也应作为一个较好的工艺条件。最后，将这两个条件做验证试验，以确定好的工艺条件。

由于水平数取得多的因子 R 值理应比水平数取得少的大，因此，在因子的水平数不等的试验中，分析因子的主次关系时，不能全按 R 值的大小来决定，应该联系实际情况来考虑。之所以能确定 A 比 E 主要些，是由于 A 列的 R 值远远比 E 列的大，且与实际情况相符。

二、拟水平法

如果在混合型正交表中找不到合适的表，或即使能找到，但需要做较多的试验，这时可用拟水平法。拟水平法，是把水平数少的因子的某一较好水平重复，使得这个因子的水平数在形式上与其他因子的水平数相等。而后，可在水平数相等的正交表上，安排水平数不等的因子。

【例5-4】钢球热处理试验，试验的因子与因子水平如表5-11所示。

表5-11　试验因子与因子水平表

水平	A 装炉量/斤	B 保温时间/min	C 加热温度/℃
1	12	15	835
2	12.75	17	845
3	13.5	18	

注：1斤=0.5kg。

由于炉子只能加热到两种温度，所以因子C只能选2个水平。这个试验可直接用混合型正交表$L_{18}(2×3^7)$，但试验次数太多。因此，把因子C的一个较好水平845℃重复，充当第三水平，这样一来，因子C在形式上就成了一个3水平的因子，叫它拟水平因子。于是，这个试验就成了一个3^3因子的试验，可用$L_9(3^4)$来安排，试验方案与结果如表5-12所示。

表5-12　试验方案与结果表

试验号	实验方案			指标			总分
	A	B	C	淬火 硬度	回火 硬度	金相 （级）	
1	①12	①15	①835	63.9	63	2	5
2	①12	②17	②845	64.45	63.2	2	3
3	①12	③18	③*845	64.31	63	2	5
4	②12.75	①15	②845	63.47	63	2	5
5	②17.5	②17	③*845	64.4	63	2	5
6	②17.5	③18	①835	63.6	62.5	2	4
7	③13.5	①15	③*845	63.43	63	2	5
8	③13.5	②17	①835	63.8	63	2	5
9	③13.5	③18	②845	63.8	63	2	5

因为金相这一指标在9个试验中全是2级，没有差别，而回火硬度又能代替淬火硬度，所以综合评分只就回火硬度这一指标来评分，只评了5、4、3三种分数。

对试验结果分析计算时，拟因子的列要按实际水平数来计算。如第三列（因子C）只需要计算K_1与k_1以及K_2与k_2，因K_1由3个数相加而来，所以$k_1=K_1/3$，而K_2由6个数相加而来，所以$k_2=K_2/6$，具体计算结果如表5-13所示。

根据表5-13中的K、R值可得，较好工艺条件是$A_3B_1C_2$，即装炉量13.5g，保温时间15min，加热温度是845℃。其中，因子C，即温度的R值为0，可能是由于试验过程中的误差所致，按经验取较好的2水平845℃。

表5-13 测试结果计算表

项目	A	B	C
K_1	13	15	14
K_2	14	13	28
K_3	15	14	
k_1	4.3	5.0	4.7
k_2	4.7	4.3	4.7
k_3	5.0	4.7	
R	0.7	0.7	0

习题

1. 某电厂除盐设备1号阳床调试方案与试验结果如下表，试分析计算较好工艺条件。

1号阳床调试方案与试验结果

试验号	试验方案			指标	
	进酸量/L	浓度/%	流速/（m/h）	酸耗/（g/mol）	含钠量/（μg/L）
1	①（670）	①（1.5）	①（4.5）	47.21	32.3
2	①（670）	②（2.0）	②（4.8）	46.14	2.1
3	②（700）	①（1.5）	②（4.8）	46.56	16.2
4	②（700）	②（2.0）	①（4.5）	47.38	54.9

2. 某电厂对70-1.5管进行硫酸亚铁镀膜试验，试验所选因子与因子的水平如表5-4所示，试验方案与试验结果如下表、各指标的评定标准与例【5-2】相同，试分析出较好的工艺条件。

试验方案与结果

试验方案					测试指标					
试验号	A	B	C	D	外表	耐蚀性/s	含铁量/（μg/cm²）	腐蚀电位/mV	极限电位/mA	纯化电流/mA
1	①	①	①	①	浅绿绿色	18 3	51 40	−184	40	20.1
2	①	②	②	②	棕黄棕黄	35.1 27.6	994 180	−00	7.6	23.4

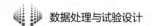
续表

试验方案					测试指标					
试验号	A	B	C	D	外表	耐蚀性/s	含铁量/（μg/cm²）	腐蚀电位/mV	极限电位/mA	纯化电流/mA
3	①	③	③	③	阴阳脸 阴阳脸	30.9 21.6	108 294	−190	38	42
4	②	①	②	③	黄绿 黄绿	16.8 14.1	96 77	−205	39	41
5	②	②	③	①	棕红 浅绿	12.7 32.6	28 98	−245	17.2	10.3
6	②	③	①	②	苍绿 苍绿	8.8 6.0	35 30	−189	45	34
7	③	①	③	②	黑棕 黑棕	47.8 50.0	143 122	−180	37	36
8	③	②	①	③	黑褐 黑褐	21.8 32.0	102 65	−166	41	33
9	③	③	②	①	棕红 棕红	93.3 49.3	167 88	−222	32	37

项目六 有交互作用的试验

任务一 交互作用

一、什么是交互作用

有些多因子试验，不仅诸因子各自独立地对指标产生影响，而且多个因子联合起来对指标产生影响。如为了研究科学合理施肥问题，对 4 块试验田进行用不同方式施肥的试验，其结果如下：第一块未加化肥，平均亩（15 亩=1 公顷）产 400 斤（1 斤=0.5kg）；第二块加 6 斤氮肥（N），平均亩产 430 斤；第三块加 4 斤磷肥（P），平均亩产 450 斤；第四块加 6 斤氮肥、4 斤磷肥，平均亩产 560 斤。

从试验结果分析可以看出，只加 4 斤磷肥的效果，使亩产增加 50 斤；只加 6 斤氮肥的效果，使亩产增加 30 斤；磷氮肥都加的效果，使亩产增加 160 斤，比单独加氮肥、磷肥的效果额外多出 80 斤（160-50-30=80 斤），这 80 斤是由磷氮肥搭配作用引起的增产。

一般，称因子与因子间的某种搭配而对指标所产生的影响为交互作用。因子 A 与因子 B 的交互作用以 AB 表示，因子 A、B、C 的交互作用以 ABC 表示。

二、正交表上两列间的交互作用列

1. 交互作用列表的查法

制订试验方案时，因子和因子的交互作用都要排在正交表上，表示因子间交互作用的列叫**交互作用列**，在分析试验结果时，交互作用的大小可由交互作用列得到。如何确定交互作用列呢？下面通过举例说明。

例如，从表6-1可以知道：$L_8(2^7)$中的第一列与第二列的交互作用列，就是这两列交叉处的数字3所表示的列，即第3列。就是说，如果因子A与因子B分别排在$L_8(2^7)$的第一列与第二列上，则交互作用AB就在第三列。

表6-1　$L_8(2^7)$二列间的交互作用列

1	2	3	4	5	6	7	列号
(1)	3	2	5	4	7	6	1
	(2)	1	6	7	4	5	2
		(3)	7	6	5	4	3
			(4)	1	2	3	4
				(5)	3	2	5
					(6)	1	6
						(7)	7

又例如在$L_{27}(3^{13})$（见附录二）中。第一列与第五列的交互作用列，就是其交互作用列表中（1）所在横行与（5）所在竖列交叉处的数字6与7所表示的列，即第六列与第七列，就是说，如果3水平的因子A与因子B分别排在$L_{27}(3^{13})$的第一与第五列上，则交互作用AB，就是第六列和第七列两列。

2. 交互作用列的自由度

从上面的例子可知，2水平正交表中，两列的交互作用只有一列，而3水平正交表中，两列的交互作用列有两列。这是什么原因造成呢？

把正交表的试验次数N减去1，用$f_总$表示，叫作正交表的自由度：$f_总 = N-1$。如：

$L_8(2^7)$的自由度$f_总 = 8-1 = 7$

$L_{27}(3^{13})$的自由度$f_总 = 27-1 = 26$

把正交表每一列的水平数减去1，叫该列的自由度，如：

$L_8(2^7)$中每一列的自由度是$2-1=1$

$L_9(3^4)$每一列的自由度是$3-1=2$

把因子A的水平数n减1，用f_A表示，叫作因子A的自由度，$f_A = n-1$。

如当因子A分别是2水平、3水平、4水平时，$f_A = 2-1 = 1$，$f_B = 3-1 = 2$，$f_C = 4-1 = 3$。

因子A与因子B的自由度的乘积$f_A f_B$用f_{AB}表示，叫交互作用AB的自由度。如当因子A与因子B都是2水平时，交互作用AB的自由度$f_{AB} = 1 \times 1 = 1$；当因子C与因子D都是3水平时，交互作用CD的自由度$f_{CD} = 2 \times 2 = 4$。

由于两个2水平因子的交互作用的自由度是1，而2水平正交表每一列的自由度也是1，所以，2水平正交表中两列的交互作用列只占1列。由于两个3水平因子的交互作用的自由度是4，而3水平正交表中每一列的自由度是2，所以，3水平正交表中两列的交互作用列占2列。同理，4水平正交表中，两列的交互作用列占3列。

任务二　试验方案的制订与结果分析

一、选表的原则

在没有考虑交互作用的情况下，要根据因子的个数、因子的水平数和试验次数等三个条件来选用一张合适的正交表，制订试验方案。但是，当因子间有交互作用时，选用正交表，不但要考虑到前面三个条件，而且还要考虑交互作用。概括地说，选用正交表的一般原则是：因子及交互作用的自由度总和，不能大于正交表的自由度。

例如，某试验选定了 3 个水平因子 A、B、C，并且要考虑交互作用 AB。如果选用 $L_9(3^4)$ 来制订试验方案，就不合适了。因为，该表的自由度为 8，而因子与交互作用自由度的总和为 $f_A+f_B+f_C+f_{AB}=2+2+2+4=10>8$，就是说，$L_9(3^4)$ 的列数不够安排选定因子的交互作用，需另选一张较大的正交表（增加试验次数）才能把所选因子和交互作用安排好。

二、表头设计与试验方案

当正交表选好以后，还必须仔细考虑好，把哪些因子排在哪些列上，把哪些交互作用排在哪些列上，这叫作表头设计。

【例6-1】某试验需要考察 4 个 2 水平因子 A、B、C、D，以及交互作用 AB、AC、BC。因为 $f_A+f_B+f_C+f_D+f_{AB}+f_{AC}+f_{BC}=7$，故可选 $L_8(2^7)$ 来安排试验。如果不经考虑，就把 A、B、C、D、AB、AC、BC 依次排在 $L_8(2^7)$ 的第一、第二……第七列上，见表 6-2 中最上面一行。根据表 6-1 可知，第一列与第二列的交互作用列是第三列，因此，因子 A 与 B 分别排在第一与第二列上时，交互作用 AB 在第三列上。但此时，因子 C 也排在第三列上。这样一来，因子 C 与交互作用 AB 混杂在一起。同理，因子 A 与交互作用 BC 混杂在一起。

表6-2　因子混乱排列

项目	A（BC）	B（AC）	C（AB）	D	AB	AC	BC
列号	1	2	3	4	5	6	7

当因子与因子或交互作用发生混杂时，会给试验结果的分析计算带来很大困难，像这样的表头设计是不合理的。由此可知，表头设计的主要任务就是要排除混杂，如何排除混杂，仍以例题分析如下。

A、B、C、D 4 个因子中，A、B、C 是有交互作用的。先把它们其中的 2 个按不混杂的原则排，如把因子 A 与 B 分别排在 $L_8(2^7)$ 的第一与第二列上，因第一列与第二列的交互作用列是第三列，于是，把交互作用 AB 排在第三列上，再把因子 C 排在第四列上。因第一列与第四列，第二列与第四列的交互作用分别是第五列与第六列，于是，把交互作用 AC 与 BC 分别排在第五列和第六列上。最后，把可以忽略交互作用的因子 D 排在剩下的列即第七列上，表头设计结果如表6-3 所示。

表6-3　表头设计结果（1）

项目	A	B	AB	C	AC	BC	D
列号	1	2	3	4	5	6	7

因此，可以归纳出一般表头设计的步骤是：

① 先把有交互作用的因子，按不混杂的原则，在所选用的正交表上排妥。

② 把可以忽略交互作用的因子，排在剩下的任意一列上。

在此应该注意，即使用同一张正交表，在排除混杂这个前提下，表头设计也可不一样。如【例6-1】还可以作出表6-4 形式的表头设计。

表6-4　表头设计结果（2）

项目	A	C	AC	B	AB	BC	D
列号	1	2	3	4	5	6	7

这两个表头设计在形式上显然不同，但实践证明，这不会影响试验结果分析。

一般来讲，在制订试验方案时，交互作用选得越多，所需的正交表越大，必须做的试验也就越多。因此，凡是可以忽略的交互作用，要尽量剔除，以便选用较小的正交表来制订试验方案，减少试验次数，以节省人力和物力。

得到正确的表头设计之后，试验方案就比较简单，只需根据表头设计，把因子的 1 水平、2 水平……分别填入该因子所在列的 1、2…处就可得到。

经以上讨论可知：制订试验方案（不管有无交互作用）主要是解决好两个问题，一是根据选用正交表的一般原则，选用一张合适的正交表；二是做好表头设计。

【例6-2】为了提高某种产品的产量，需要进行一次试验，所选因子与因子的水平如表 6-5 所示，在这次试验中还要考虑这些因子之间的交互作用。

表6-5　试验因子和因子水平表（一）

水平	温度（A）/℃	压力（B）/MPa	浓度（C）/%
1	60	2	0.5

续表

水平	温度（A）/℃	压力（B）/MPa	浓度（C）/%
2	65	2.5	1.0
3	70	3	1.5

由于 3 个因子都是 3 水平的，因此，因子与交互作用的自由度总和是：

$$f_A+f_B+f_C+f_{AB}+f_{AC}+f_{BC}=2+2+2+4+4+4=18$$

而 $L_{27}(3^{13})$ 的自由度是 26，所以，选 $L_{27}(3^{13})$ 来安排这次试验比较合适。

把因子 A 与因子 B 分别排在 $L_{27}(3^{13})$ 的第一列与第二列上，查 $L_{27}(3^{13})$ 二列间的交互作用表，交互作用 AB 应排第三、第四列上。把因子 C 排在第五列上。查 $L_{27}(3^{13})$ 二列间的交互作用表，交互作用 AC 与 BC 应分别排在第六列、第七列与第八列、第十一列上。于是得到如表 6-6 所示的表头设计。

表6-6　表头设计结果

项目	A	B	AB	AB	C	AC	AC
列号	1	2	3	4	5	6	7
项目	BC			BC			
列号	8	9	10	11	12	13	

分析试验结果：分析试验结果的方法与单指标的类似，但是应注意两个问题：

① 不仅要计算各因子所在列的 k、K、R 值，而且要计算各交互作用所在列的 k、K、R 值，计算方法与项目四相同；

② 最优工艺条件的确定，不单由各因子的主次来决定，还要考虑极差 R 较大的那些交互作用对指标的影响。

【例6-3】进行某预膜效果试验。参加试验的因子与因子水平列成表 6-7，从以往的试验结果观察，各因子间可能有交互作用。因此，这个试验的目的，是要寻求在因子 A、B、C 以及交互作用 AB、AC、BC 影响下，预膜效果较好的工艺条件。

表6-7　试验因子和因子水平表（二）

水平	A $(NaPO_3)_6$：$ZnSO_4 > H_2O$	B pH	C 温度/℃
1	640：160	5.8	23
2	640：200	5.2	50

由于因子和因子的交互作用的自由度总和是：

$$f_A+f_B+f_C+f_{AB}+f_{AC}+f_{BC}=1+1+1+1+1+1=6$$

根据选择正交表的原则，选 $L_8（2^7）$ 来安排试验，并根据不混杂的原则，作出如表6-8 所示的表头设计。

表6-8　表头设计结果

项目	A	C	AB	C	AC	BC	
列号	1	2	3	4	5	6	7

将因子A、B、C的1、2水平分别填入表头设计第一列、第二列、第四列的1与2处，得试验方案如表6-9所示。

表6-9　试验方案与结果

试验号	试验方案							实验结果
	A	B	AB	C	AC	BC		缓蚀率/%
1	①640∶160	①5.8	①	①23	①	①	①	50.02
2	①640∶160	①5.8	①	②50	②	②	②	85.06
3	①640∶160	②5.2	②	①23	①	②	②	66.27
4	①640∶160	②5.2	②	②50	②	①	①	100.00
5	②640∶200	①5.8	②	①23	②	②	①	80.39
6	②640∶200	①5.8	②	②50	①	①	①	90.55
7	②640∶200	②5.2	①	①23	②	①	①	48.42
8	②640∶200	②5.2	①	②50	①	②	②	100.00

根据试验结果对各因子以及其交互作用的 K、R 值，进行分析计算，结果如表6-10所示。

表6-10　试验结果计算表

项目	A	B	AB	C	AC	BC
K_1	301.35	306.02	283.50	245.10	308.64	330.41
K_2	319.36	314.69	337.21	375.61	313.87	290.33
k_1	75.34	76.51	70.88	61.28	76.71	82.60
k_2	79.84	78.76	84.30	93.90	78.47	72.58
R	4.50	2.16	13.42	32.62	1.76	10.02

根据试验结果计算表可以得到因子与交互作用的主次顺序是：

（主）C→AB→BC→A→B→AC（次）

如果没有考虑因子间的交互作用，由于缓蚀率越高越好，即各因子的水平应取 k 值越大的越好，则较好工艺条件是 $A_2B_2C_2$。但是，除主要因子 C 的极差外，交互作用 AB 及 BC 的极差也比较大，说明它们对试验结果也有较大的影响，因此，需要分别考察 AB 与 BC 的水平间的较好搭配，具体计算如下：

B	A	
	1	2
1	$\dfrac{50.02+85.06}{2}=67.54$	$\dfrac{80.39+90.55}{2}=85.47$
2	$\dfrac{66.27+100}{2}=83.13$	$\dfrac{48.42+100}{2}=74.21$

C	B	
	1	2
1	$\dfrac{50.02+80.39}{2}=65.20$	$\dfrac{66.27+48.44}{2}=57.34$
2	$\dfrac{85.06+90.55}{2}=87.80$	$\dfrac{100+100}{2}=100$

上面的计算表明，因子 B 取 2 水平，因子 C 取 2 水平时，缓蚀率是 100，因此交互作用 BC 间水平的较好搭配是 B_2C_2。因子 A 取 2 水平，因子 B 取 1 水平时，缓蚀率是 85.47；因子 A 取 1 水平，因子 B 取 2 水平时，缓蚀率是 83.13，由于这两个缓蚀率很接近，因此，交互作用 AB 间的较好水平搭配取 A_2B_1 或 A_1B_2 都可以。

考虑到主要因子 C 的较好水平是 C_2，而 BC 的较好搭配是 B_2C_2，决定对 AB 取 A_1B_2。于是，从因子与交互作用综合起来考虑的较好工艺条件是 $A_1B_2C_2$，即第 4 号试验方案。

 **习题**

1. 某厂进行金属回收率试验，选定参加试验的因子和因子水平如下表，根据以往经验，因子 D 和其他 3 因子交互作用不大，可以忽略。只需考察交互作用 AB、BC、AC。试作出表头设计并排出试验方案。

水平	A 氨基酸钠盐/（g/t）	B 温度/℃	C 塔尔油/（g/t）	D 苏打/（kg/t）
1	300	20	0	2.0
2	500	28	50	2.5
3	700	35	100	3.0

2. 某厂进行铁损试验，指标是铁损率，越低越好，所选因子和因子的水平如下表：

水平	A 退火温度/℃	B 退火时间/h	C 某厂原料产地	D 扎程分配/mm
1	1000	10	甲地	0.3
2	1200	13	乙地	0.35

除要求考察4个因子的作用外，还要考察交互作用AB、BC、AC。试选用一张合适的正交表，作出表头设计并排出试验方案。

如果把因子A、B、C、D分别排在$L_8(2^7)$的第一、第二、第四、第七列上，所得试验结果依次为：0.82，0.85，0.70，0.75，0.74，0.79，0.80，0.87。试分析计算出最优工艺条件。

3. 为了提高某农药的收率进行正交试验设计。所选因子和因子的水平如下表：

水平	A 温度/℃	B 时间/h	C 配比	D 真空度/kPa
1	60	2.5	1.1：1.0	66.5
2	80	3.5	1.2：1.0	79.8

据生产经验知，影响收率的有A、B、C、D四因素，且A与B有交互作用，8个试验结果是：86，95，91，94，91，96，83，88，试用方差分析法，找出最优工艺条件。

4. 为寻求较好的工艺条件以提高某种产品的产量，选取因素水平表如表6-5所示。希望考察全部交互作用 A×B、A×C、B×C。选用表 $L_{27}(3^{13})$，将A、B、C分别排在第1、第2、第5列上。27个试验结果为：

1.3	4.63	7.23	0.5	3.67	6.23	1.37	4.73	7.07
0.47	3.47	6.13	0.33	3.40	5.8	0.63	3.97	6.5
0.03	3.40	6.80	0.57	3.97	6.83	1.07	3.97	6.57

试用方差分析法找出较优工艺条件（取 α=0.1）。

正交试验的方差分析

前面几章分析试验结果时所使用的方法，叫直观分析法，直观分析法简单易懂，只要做少量的分析计算，就可以得出试验范围内的最优工艺条件。但是，它的缺点是不能区分因子各水平所对应的试验结果间的差异究竟是由试验误差引起的，还是由因子水平的不同所引起的。因此，不能知道分析的精确度。

为了把因子水平改变所引起的试验结果差异与试验误差所引起的试验结果差异区分开来，以便能够抓住问题的实质。首先，将两种原因所引起的数据差异分别计算出来，而后，对两者进行比较，如果前者落在后者范围之内，或与后者相差不大，就可以判定，试验结果间的差异是由试验误差引起的。相反，如果前者超出后者的范围，就可以判定，试验结果间的差异是由因子水平的改变所引起的。这就是用方差分析解决问题的基本思路。

任务一　方差与显著性检验

1. 方差

为了便于说明，首先看一个研究某产品收率与反应温度关系的试验例子。

【例7-1】为了考察反应温度对收率的影响，选定两个温度30℃（记作 A1）、40℃（记作 A2）进行试验。试验结果列成表 7-1。

表7-1　试验结果表

试验号	水　平	
	A₁（30℃）	A₂（40℃）
1	75	89

续表

试验号	水　平	
	A₁（30℃）	A₂（40℃）
2	78	62
3	60	93
4	61	71
5	83	85
平均值	71.4	80.0

从表 7-1 可以看出，不仅不同水平（A₁ 与 A₂）下的试验数据有差异，而且相同水平（如 A₁）下的试验数据也有差异。

A₁ 水平下，如果试验没有误差，则 A₁ 水平下的 5 个试验数据应该相等，都等于它们的理论值 u_1，但实际上不等。因此

$$(75-u_1)+(78-u_1)+(60-u_1)+(61-u_1)+(83-u_1) \qquad (7\text{-}1)$$

是表示 A₁ 水平下，试验数据差异的一个量。

但考虑到可能有正负相消的情况（如一项是 1.1，而另一项是−1.1，加起来就为零了）；而且，由于 u_1 是未知的，但可以用 A₁ 水平下试验数据的平均值 71.4 来近似表示 u_1。为此，把式（7-1）中的 u_1 用 71.4 代入，而且把各项平方，其和记作 S_1。

$$S_1=(75-71.4)^2+(78-71.4)^2+(60-71.4)^2+(61-71.4)^2+(83-71.4)^2=429.20 \qquad (7\text{-}2)$$

于是，可用 S_1 来反映 A₁ 水平下试验数据间的差异。同理，可用 S_2 来反映 A₂ 水平下试验数据间的差异。

$$S_2=(89-80)^2+(62-80)^2+(93-80)^2+(71-80)^2+(85-80)^2=680 \qquad (7\text{-}3)$$

为什么在同一水平下试验数据之间有差异呢？这是误差的原因。因此，S_1 是反映 A₁ 水平下的各数据由试验误差而引起差异的一个量；S_2 是反映 A₂ 水平下的各数据由试验误差而引起差异的一个量。而 S_1+S_2 是反映整个试验过程（这里，因子 A 仅取两个水平 A₁ 与 A₂）中各数据间由试验误差而引起差异的一个量，把 S_1+S_2 记作 $S_{误}$。

$$S_{误}=S_1+S_2=429.20+680=1109.2 \qquad (7\text{-}4)$$

对不同水平下，试验数据间的差异，如何给出一个定量的估计呢？可以这样设想，如果因子 A 的水平改变对试验没有影响，而且试验过程中也没有误差，则 10 个数据应该相等，都等于理论值 u，此时，两个水平 A1 与 A2 下试验数据的平均值也应该相等，都等于理论值 u，但实际上不等。因此，$(71.4-u)^2+(80-u)^2$ 是由因子 A 的水平改变所引起的。

同样原因，由于 u 是未知的，用整个试验数据的平均值$(75+78+\cdots+89+62+\cdots+85)/10=$

75.7 来近似表示 u，而且 71.4 与 80 分别是 A_1 与 A_2 水平下 5 个数据的平均值，因此用 $5(71.4-75.7)^2+5(80-75.7)^2$ 来反映因子 A 的水平改变所引起的试验数据差异并把这个差异记作 S_A。

$$S_A=5(71.4-75.7)^2+5(80-75.7)^2=184.9 \tag{7-5}$$

由式（7-2）、式（7-3）、式（7-5）可知，在估计误差时，都需要用一类平方和来表示。一般，假设有 N 个试验数据 $y_1,y_2,y_3,\cdots,y_N$，平均值记作 $\overline{y}$。

$$\overline{y}=\frac{y_1+y_2+y_3+\cdots+y_N}{N}=\frac{\sum\limits_{i=1}^{N}y_i}{N} \tag{7-6}$$

则，$(y_1-\overline{y})$、$(y_2-\overline{y})$、$(y_3-\overline{y})\cdots(y_N-\overline{y})$ 分别是 y_1、y_2、y_3、$\cdots$、y_N 与平均值 $\overline{y}$ 的偏差，把各偏差平方，而后相加，计算结果用 S 表示，称为偏差平方和。

$$S=(y_1-\overline{y})^2+(y_2-\overline{y})^2+(y_3-\overline{y})^2+\cdots+(y_N-\overline{y})^2=\sum_{i=1}^{N}(y_i-\overline{y})^2 \tag{7-7}$$

数据个数一样多的情况下，S 大，表明数据的波动大（数据分散）；S 小，表明数据的波动小（数据集中）。

将式（7-6）代入式（7-7）中，并经过推导整理，则式（7-7）可变成另一种最常用的形式：

$$S=\sum_{i=1}^{N}y_i^2-\frac{1}{N}\left(\sum_{i=1}^{N}y_i\right)^2 \tag{7-8}$$

式（7-8）的意思是，把各数据平方以后相加，而后，减去各数据之和的平方除以 N，即得偏差平方和 S。

实际问题中，常常需要比较两组数据的波动情况，如果只用偏差平方和的大小来判断数据的波动，是不全面的。因为，在计算偏差平方和的时候，数据个数多的一组加和的数据较多。所以用比较偏差平方和的大小，来判断两组数据波动的程度时，必须消除数据个数的影响，这与自由度有关。一般，偏差平方和是由 N 个数据算出时，就说偏差平方和的自由度是（N-1）。

例如式（7-2）与式（7-3）的偏差平方和 S_1 与 S_2 都是由 5 个数据算出的，因此，S_1 与 S_2 的自由度都是 5-1=4。式（7-5）的偏差平方和 S_A 是由 2 个数据算出的，因此，S_A 的自由度是 2-1=1。

如果偏差平方和 S_B 与 S_C 的自由度分别是 f_B 和 f_C，规定 S_B+S_C 的自由度是 f_B+f_C。例如，式（7-4）的 $S_误=s_1+s_2$，而 $f_1=4=f_2$，于是，$f_误=f_1+f_2=4+4=8$。

把偏差平方和 S 除以它的自由度 f，即 S/f，称为方差，方差就是偏差平方和的平均值。例如，式（7-4）中偏差平方和 $S_误=1109.2$，自由度 $f_误=8$，于是，方差为 1109.2/8=138.65。

式（7-5）中偏差平方和 S_A=184.9，自由度 f_A=1，于是，方差为 184.9/1=184.9。

2. 显著性检验

（1）F 比　方差既是反映一组数据波动的一个量，又消除了数据个数的影响，因此，方差能够比较正确地反映出一组数据的波动程度。于是，用方差 $S_误/f_误$ 来反映［例 7-1］中由试验误差而引起试验结果间的差异；用方差 S_A/f_A 来表示［例 7-1］中由温度变化（即因子 A 的水平改变）而引起试验结果间的差异。

如何检查温度对产品收率的影响呢？可以这样设想，如果 S_A/f_A 与 $S_误/f_误$ 很接近，就认为温度对产品收率没有什么影响，试验数据间的差异，是由误差引起的。为此，把 S_A/f_A 与 $S_误/f_误$ 进行比较，即求出两者的比值，称为 F 比，记作 F。

$$F = \frac{\dfrac{S_A}{f_A}}{\dfrac{S_误}{f_误}} = \frac{\dfrac{184.9}{1}}{\dfrac{1109.2}{8}} = 1.33 \qquad (7-9)$$

因为 F 与它的分子的自由度 1 与分母的自由度 8 有关，因此，把 F 写成 $F(1,8)$=1.33。

（2）F 表　为了判断二者的方差是否接近，需要将其 F 比与临界 F 值进行比较，数理统计学中，将 F 临界值排成了 F 表，见附录三。F 表有 α=0.01，α=0.05，α=0.10 三种，其结构形式都是一样的，F 表上横行的 f_1：1、2、3、4……表示 F 比中分子的自由度，竖列 f_2：1、2、3、4 表示 F 比中分母的自由度。

F 表是这样查的：在 F 表的 f_1 那一横行，找到 F 比中分子的自由度 f_A，在 f_2 的那一竖列找到 F 比中分母的自由度 $f_误$，两个自由度交叉处的数字，就是需要用来检验因子 A 有无影响的临界值。

例如，对于 $F(1,8)$ 在 α=0.10，α=0.05，α=0.01 的 F 表上，查得临界值分别是 3.46，5.32，11.26，为了反映出自由度与 α 值，把这些临界值分别表示成 $F_{0.10}(1,8)$=3.46，$F_{0.05}(1,8)$=5.32，$F_{0.01}(1,8)$=11.26。

（3）检验标准　假设因子 A 的 F 比是 $F_A(f_A, f_误)$，根据统计数学理论，检验因子 A 对试验影响的标准如下：

① 如 $F_A(f_A, f_误) > F_{0.01}(f_A, f_误)$，因子 A 对试验有特别显著的影响，用**表示。

② 如 $F_{0.05}(f_A, f_误) < F_A(f_A, f_误) < F_{0.01}(f_A, f_误)$，则因子 A 对试验有显著影响，用*表示。

③ 如 $F_{0.10}(f_A, f_误) < F_A(f_A, f_误) < F_{0.05}(f_A, f_误)$，则因子 A 对试验有一定影响，用*表示。

④ 如 $F_A(f_A, f_误) < F_{0.10}(f_A, f_误)$，则因子 A 对试验没有显著影响。

【例 7-1】中，因为 $F(1,8)$=1.33<$F_{0.10}(1,8)$=3.46，所以，判定温度对产品的收率没有显著的影响。

【例7-1】是只有一个因子的试验，对于只有一个因子的试验结果所使用的方差分析，称为单因子试验的方差分析。

任务二 正交表的方差分析

对多因子试验结果作方差分析，要通过所选用的正交表来进行，因此，也称正交表的方差分析。

【例7-2】检验 WH-11 缓蚀剂性能试验中各因子的显著性。这个试验（详见项目四任务二【例4-2】）有 A（控制温度）、B（EDTA 氨化液）、C（平平加）、D（复合抑制剂）4 个因子（都是 4 水平），选用的正交表是 $L_{16}(4^5)$。表头设计是：

项目	A	B	C	D	
列号	1	2	3	4	5

试验方案与试验结果列于表 7-2 上半部。

表 7-2 试验方案与结果计算

试验号	A	B	C	D		试验结果腐蚀率
	1	2	3	4	5	
1	①	①	①	①	①	1.44
2	①	②	②	②	②	1.63
3	①	③	③	③	③	2.54
4	①	④	④	④	④	5.01
5	②	①	②	③	④	2.74
6	②	②	①	④	③	2.28
7	②	③	④	①	②	6.44
8	②	④	③	②	①	3.89
9	③	①	③	④	②	2.80
10	③	②	④	③	①	2.91
11	③	③	①	②	④	7.00
12	③	④	②	①	③	9.25

试验号	A	B	C	D		试验结果 腐蚀率
	1	2	3	4	5	
13	④	①	④	②	③	1.50
14	④	②	③	①	④	2.41
15	④	③	②	④	①	3.51
16	④	④	①	③	②	2.82
K_1	10.62	8.48	13.54	19.54	11.75	
K_2	15.35	9.23	17.13	14.02	13.69	$G=\sum y_i=58.17$
K_3	21.96	19.49	11.64	11.01	15.57	$CT=\dfrac{G^2}{16}=211.48$
K_4	10.24	20.97	15.86	13.60	17.16	$S_总=\sum y_i^2-CT=73.32$
$\sum\dfrac{K_i^2}{4}$	233.88	244.18	215.95	221.14	215.59	
$\sum\dfrac{K_i^2}{4}-CT$	22.40	32.70	4.47	9.66	4.11	

由表 7-2 可知，各试验数据在 1.44 与 9.25 之间波动。

为了对各号试验结果间的差异给出一个定量的估计，可以这样设想，如果各因子的水平改变对试验结果没有影响，而且没有误差，则各号试验结果应该相等，都等于理论值 u（可用试验结果的平均值 $\bar{y}$ 代替），但实际上不等。因此，各号试验结果与 u 的近似值 $\bar{y}$ 的偏差平方和，反映了整个试验结果间的差异，记作 $S_总$。由公式（7-8）得：

$$S_总=\sum_{i=1}^{16}y_i^2-\frac{1}{16}\left(\sum_{i=1}^{16}y_i\right)^2=284.80-211.48=73.32 \qquad (7\text{-}10)$$

$S_总$ 是由各因子的水平改变而引起的试验结果之间的差异（即各因子的偏差平方和），以及误差而引起的试验结果之间的差异（即误差的偏差平方和 $S_误$）的总和：

$$S_总＝各因子的偏差平方和+S_误 \qquad (7\text{-}11)$$

如何估计出各因子的偏差平方和呢？可以这样设想，在试验方案中，如果把其他因子撇开，只考察一个因子如 A，这样一来，就可以看成单因子试验结果分析了。

共做 16 次试验，而因子 A 有 4 个水平，因此 1 水平下指标的平均值 $k_1=K_1/4$，2 水平下指标的平均值 $k_2=K_2/4$，3 水平下指标的平均值 $k_3=K_3/4$，4 水平下指标的平均值 $k_4=K_4/4$，K_1、K_2、K_3、K_4 分别是因子 A 1 水平、2 水平、3 水平、4 水平下指标值的总和。

与推导公式（7-5）的理由类似，平均值 k_1、k_2、k_3、k_4 与整个试验结果的平均值 $\bar{y}$ 的偏差平方和，即 $(k_1-\bar{y})^2+(k_2-\bar{y})^2+(k_3-\bar{y})^2+(k_4-\bar{y})^2$ 反映出由因子 A 的水平改变而引起试验结果之间的差异。但因每个平均值代表了 4 个试验数据，因此，用 S_A 来表示因子

A 的偏差平方和。

$$S_A = 4(k_1 - \overline{y})^2 + 4(k_2 - \overline{y})^2 + 4(k_3 - \overline{y})^2 + 4(k_4 - \overline{y})^2 \tag{7-12}$$

利用公式（7-8）对式（7-12）进行整理，得

$$S_A = \frac{1}{4}(K_1^2 + K_2^2 + K_3^2 + K_4^2) - \frac{1}{16}\left(\sum_{i=1}^{16} y_i\right)^2 \tag{7-13}$$

以具体数字代入式（7-13）

$$S_A = \frac{1}{4}\left[(10.62)^2 + (15.35)^2 + (21.96)^2 + (10.24)^2\right] - \frac{1}{16}(1.44 + 1.63 + \cdots + 2.82)^2$$
$$= 233.88 - 211.48 = 22.40$$

同理：$S_B = 32.70$，$S_C = 4.47$，$S_D = 9.66$

第五列末排因子，是空白列，按式（7-13）可算出这个列的偏差平方和，记作 S_5。

$$S_5 = 4.11$$

于是

$$(S_A + S_B + S_C + S_D) + S_5 = (22.40 + 32.70 + 4.47 + 9.66) + 4.11 = 73.34 = S_{总} \tag{7-14}$$

本来 $S_{总} = 73.32$ 与 73.34 有 0.02 的误差，这是计算中产生的，由于 $(S_A + S_B + S_C + S_D)$ 是各因子的偏差平方和，所以比较式（7-11）与式（7-14）得 $S_{误} = S_5 = 4.06$。这说明，由于试验误差而引起试验结果间的差异，可用空白列的偏差平方和来表示。

把各因子的偏差平方和与误差的偏差平方和的计算步骤与结果列于表 7-2 的下半部。算出各因子与误差的偏差平方和以后，还需计算它们的 F 比。

因 $L_{16}(4^5)$ 每一列的自由度是 3，所以，S_A、$S_{误}$ 的自由度都是 3，即 $f_A = 3$，$f_{误} = 3$。为了提高分析的精确度，常把与 $S_{误}$ 接近的偏差平方和与 $S_{误}$ 合并，此时，自由度也要合并。比如 $S_C = 4.47$，而 $S_{误} = S_5 = 4.11$，因此，把 S_C 合并到 $S_{误}$ 中去，于是 $S_{误} = 4.11 + 4.47 = 8.58$；$f_{误} = 3 + 3 = 6$。所以，因子 A 的 F 为：

$$F_A = \frac{S_A / f_A}{S_{误} / f_{误}} = \frac{22.40/3}{8.58/6} = 5.22$$

同理：

$$F_B = \frac{S_B / f_B}{S_{误} / f_{误}} = \frac{32.70/3}{8.58/6} = 7.62$$

$$F_D = \frac{S_D / f_D}{S_{误} / f_{误}} = \frac{9.66/3}{8.58/6} = 2.25$$

由于 S_C 与 S_5 很接近，可以认为因子 C 对试验结果没有显著影响，S_C 是由误差引起

的，无须检验它的显著性。方差计算分析见表7-3。

表7-3　方差计算分析表

方差来源	偏差平方和	自由度	平均偏差平方和	F 比	显著性
A	$S_A=22.40$	3	7.47	5.22	*
B	$S_B=32.70$	3	10.90	7.62	*
C	$S_C=4.47$	3			
D	$S_D=9.66$	3	3.22	2.25	
误差	$S_5+S_C=8.58$	6	1.37		

查 F 表，$F_{0.05}(3,6)=4.76$，$F_{0.01}(3,6)=9.78$，$F_{0.10}(3,6)=3.29$。

根据任务一的检验标准，$F_{0.01}(3,6)=9.78>F_A=5.22>F_{0.05}(3,6)=4.76$，因子 A 对试验有显著影响，$F_{0.01}(3,6)=9.78>F_B=7.62>F_{0.05}(3,6)=4.76$，因子 B 对试验结果有显著影响。在已进行试验的基础上，为了进一步找到较好工艺条件，常常需要对试验结果进行方差分析，检验各因子的显著性，以便确定哪些因子的水平需要调整，哪些因子的水平不用再调整，为下一步试验提供参考。

【例7-3】某产品为提高产量，需要进行试验，所选用因子与因子水平如表 7-4 所示。

表7-4　试验因子和因子水平表

水平	A 温度/°C	B 压力/MPa	C 浓度/%
1	60	2	0.5
2	65	2.5	1.0
3	70	3	2.0

这个试验除了要考察因子 A、B、C 外，还需要考察它们的交互作用，根据选正交表的原则，选取 $L_{27}(3^{13})$，表头设计见表 7-5。

表7-5　表头设计

项目	A	B	AB	AB	C	AC	AC
列号	1	2	3	4	5	6	7
项目	BC			BC			
列号	8	9	10	11	12	13	

试验方案与试验结果见表7-6的上半部。用方差分析根据试验结果分析最优工艺条件时，要先求出各因子及交互作用的偏差平方和，而后对各因子及交互作用作显著性检验，根据各因子与交互作用的显著性与否来定出最优工艺条件。

因子和交互作用是按表头设计分别排在正交表的各列上，如因子A排在第一列上，要计算A的偏差平方和S_A，只需计算S_1（第一列的偏差平方和）就可以了。

$L_{27}(3^{13})$的每一列都是3个水平，每个水平下都是有9个试验数据，因此：

$$S_1 = 9(k_1 - \overline{Y})^2 + 9(k_2 - \overline{Y})^2 + 9(k_3 - \overline{Y})^2 \tag{7-15}$$

其中k_1、k_2、k_3分别是第一列的1水平、2水平、3水平下指标的平均值。

用式（7-8）对式（7-15）式进行整理，得

$$S_1 = \frac{1}{9}\left(K_1^2 + K_2^2 + K_3^2\right) - \frac{1}{27}(1.30 + 4.63 + \cdots + 6.83)^2 \tag{7-16}$$

其中K_1、K_2、K_3分别是第一列1水平、2水平、3水平下指标值的总和。

以K_1、K_2、K_3的具体数值代入式（7-16），有

$$S_1 = \frac{1}{9}\left[(36.73)^2 + (30.19)^2 + (33.21)^2\right] - \frac{1}{27}(1.30 + 4.63 + \cdots + 6.83)^2 = 2.04$$

仿照式（7-16），其他各列的偏差平方和的计算步骤与结果列于表7-6下半部。

表7-6　试验方案与结果计算表

试验号	A	B	AB	AB	C	AC	AC	BC			BC			实验结果 腐蚀率
	1	2	3	4	5	6	7	8	9	10	11	12	13	
1	①	①	①	①	①	①	①	①	①	①	①	①	①	1.30
2	①	①	①	①	②	②	②	②	②	②	②	②	②	4.63
3	①	①	①	①	③	③	③	③	③	③	③	③	③	7.23
4	①	②	②	②	①	①	①	②	②	②	③	③	③	0.50
5	①	②	②	②	②	②	②	③	③	③	①	①	①	3.67
6	①	②	②	②	③	③	③	①	①	①	②	②	②	6.23
7	①	③	③	③	①	①	①	③	③	③	②	②	②	1.37
8	①	③	③	③	②	②	②	①	①	①	③	③	③	4.73
9	①	③	③	③	③	③	③	②	②	②	①	①	①	7.07
10	②	①	②	③	①	②	③	①	②	③	①	②	③	0.47
11	②	①	②	③	②	③	①	②	③	①	②	③	①	3.47
12	②	①	②	③	③	①	②	③	①	②	③	①	②	6.13

试验号	A	B	AB	AB	C	AC	AC	BC			BC			实验结果腐蚀率
	1	2	3	4	5	6	7	8	9	10	11	12	13	
13	②	②	③	①	①	②	③	②	③	①	③	①	②	0.33
14	②	②	③	①	②	③	①	③	①	②	①	②	③	3.40
15	②	②	③	①	③	①	②	①	②	③	②	③	①	5.80
16	②	③	①	②	①	①	②	③	③	②	②	③	①	0.63
17	②	③	①	②	②	②	①	①	①	③	③	①	②	3.97
18	②	③	①	②	③	①	②	②	③	①	①	②	③	6.50
19	③	①	③	②	①	②	①	①	③	②	①	③	②	0.03
20	③	①	③	②	②	①	③	②	①	③	②	①	③	3.40
21	③	①	③	②	③	②	①	③	②	①	②	③	①	6.80
22	③	②	①	③	①	②	②	①	③	①	③	②	③	0.57
23	③	②	①	③	②	①	③	③	②	①	①	③	②	3.97
24	③	②	①	③	③	①	①	③	①	②	②	①	③	6.83
25	③	③	②	①	①	①	②	③	②	①	②	①	③	1.07
26	③	③	②	①	②	①	③	①	①	③	③	②	①	3.97
27	③	③	②	①	③	②	①	②	①	③	①	③	②	6.57
K_1	36.73	33.46	35.63	34.30	6.27	32.94	34.21	33.33	32.96	34.40	32.98	33.77	33.28	
K_2	30.70	31.30	32.08	31.73	35.21	34.66	33.13	35.70	34.28	33.19	33.43	33.94	33.23	$G=\sum Y_i$ =100.64
K_3	33.21	35.88	32.93	34.61	59.16	33.04	33.30	31.61	33.40	33.05	34.23	32.93	34.13	
$\sum K_i^2/9$	377.17	376.29	375.89	375.68	531.00	375.33	375.20	376.06	375.23	375.23	375.22	375.19	375.18	$CT=\dfrac{G^2}{27}$ =375.13
$\sum K_i^2/9 -CT$	2.04	1.16	0.76	0.55	155.87	0.20	0.07	0.93	0.097	0.12	0.085	0.061	0.056	

因此，$S_A=S_1=2.04$，$f_A=2$，$S_B=S_2=1.17$，$f_B=2$，$S_C=S_5=155.87$，$f_C=2$

因两个 3 水平因子的交互作用列有两列，如交互作用 AB 占了第三与第四列，此时，AB 的偏差平方和 $S_{AB}=S_3+S_4=0.77+0.57=1.34$，自由度 $f_{AB}=2+2=4$。

误差偏差平方和 $S_{误}$ 可用空白列第九列、第十列、第十二列、第十三列的偏差平方和来表示。

$$S_{误}=s_9+s_{10}+s_{12}+s_{13}=0.12+0.12+0.21+0.05=0.5$$

自由度 $f_{误}=2+2+2+2=8$

根据以上计算结果，可列出如表 7-7 所示的方差分析。

表7-7　方差分析表（一）

方差来源	偏差平方和	自由度	方差	F 比	显著性
A	2.04	2	1.02	20.4	＊＊
B	1.16	2	0.58	11.6	＊＊
C	155.87	2	77.94	1558.8	＊＊
AB	1.31	4	0.19	3.8	＊
AC	0.27	4			
BC	1.02	4	0.23	4.6	
误差	0.33	8			

由表 7-7 可知，因子 A、B、C 对试验结果都有特别显著的影响，而且交互作用 AB 对试验结果也有显著的影响。

此处，把 S_{AC}、S_{BC} 合并于 $S_{误}$，即 $S_{误}$=0.50+0.27+0.18=0.95，$f_{误}$=8+4+4=16

在确定最优工艺条件时方差分析的观点认为，对特别显著或显著的因子，一定要把它们固定在使指标最好（这个例子是使产量越高越好）的水平上；对于不显著的因子，可以根据实际要求（如原料的贵重与否、操作条件的难易程度等）在试验范围内选取它们的水平。本例中，因子 A、B、C 的最好水平分别是 A1、B3、C3，但考虑到交互作用 AB 的影响显著，还需考察因子 A 与 B 之间的最好的水平搭配，具体计算如表 7-8 所示。

计算表明，A 与 B 间的最好的水平搭配是 A 取 1 水平，B 取 3 水平。因此，在试验范围内，使某产品产量最高的工艺条件是 $A_1B_3C_3$。

由于本例题的各交互作用，在 $L_{27}(3^{13})$ 表上各占两例，如用直观分析法，在分析交互作用对试验的影响时就比较困难，但用方差分析就比较容易地解决了这个问题。

表7-8　方差分析表（二）

B	B		
	1	2	3
1	13.16	10.07	10.23
2	10.40	9.53	11.37
3	13.17＊	11.10	11.61

方差分析小结：

经过以上两个例题的分析，对正交表的方差分析，可归纳出下面几点：

（1）算出所选正交表各列的偏差平方和列出计算表（参见表 7-2、表 7-7）。

设第 i 列的偏差方和是 S_i，则 $S_I = \left(K_1^2 + K_2^2 + \cdots + K_M^2\right) / N - CT$

式中，K_1、K_2……K_m 分别是第 i 列 1 水平、2 水平……m 水平下指标的总和；n 是第 i 列各水平下试验的重复数；$CT = G_2/N$（N 是试验的总次数，$G = \sum\limits_{I=1}^{N} Y_I$ ——整个指标值的总和）

（2）定出各因子，交互作用的偏差平方和与自由度。这可按表头设计来进行。如［例7-2］，因子 A 与 B 分别排在 $L_{27}(3^{13})$ 第一与第二列上；而交互作用 AB 排在第三与第四列上，则 $S_A = S_1$，$S_B = S_2$，$S_{AB} = S_3 + S_4$，因为 3 水平正交表的每一列的自由度是 2，所以 $f_A = f_B = 2$，$f_{AB} = 2 + 2 = 4$。

（3）定出误差的偏差平方和与自由度。先把各空白列的偏差平方和合并，记为 $S_{误}$（当然，自由度也要合并记为 $f_{误}$）。而后，把与 $S_{误}$ 接近的列偏差平方和合并到 $S_{误}$ 中作为偏差平方和，（此时，被合并列的自由度也要合并到 $f_{误}$ 中）。

可见，如要对试验结果进行方差分析，在制订试验方案时，表头设计上要留有空白列。

（4）算出各因子与交互作用的 F 比，进行显著性检验，而后列出方差分析表。

（5）根据各因子与交互作用的显著性情况，定出试验范围内的最优工艺条件。

项目八　常用正交试验软件及应用拓展

任务一　SPSS软件用于正交试验设计

SPSS（统计产品与服务解决方案）是世界上最早采用图形菜单驱动界面的统计软件，最突出的特点就是操作界面极为友好，输出结果美观漂亮。它将几乎所有的功能都以统一、规范的界面展现出来，以 Windows 的窗口方式展示各种管理和分析数据方法的功能，对话框展示出各种功能选择项。用户只需掌握一定的 Windows 操作技能，精通统计分析原理，就可以使用该软件为特定的科研工作服务。

SPSS 采用类似 EXCEL 表格的方式输入与管理数据，数据接口较为通用，能方便地从其他数据库中读取数据。其统计过程包括了常用的、较为成熟的统计，完全可以满足非统计专业人士的工作需要。输出结果十分美观，存储时则是专用的 SPO 格式，可以转存为 HTML 格式和文本格式。

SPSS 软件操作步骤如下。

（1）运行 SPSS 进入主界面，如图 8-1 所示。

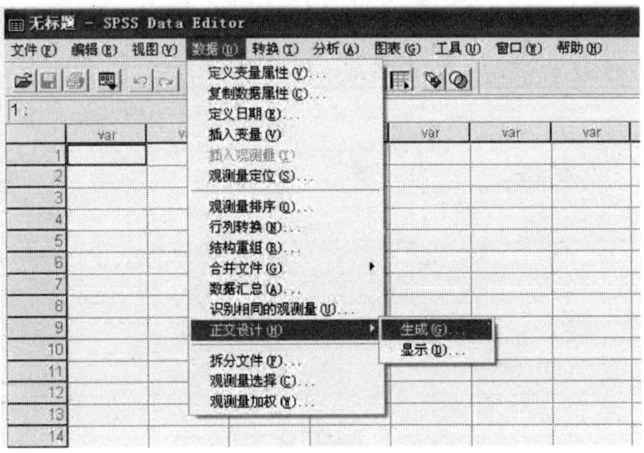

图8-1

（2）设置因素水平，如图 8-2 所示。

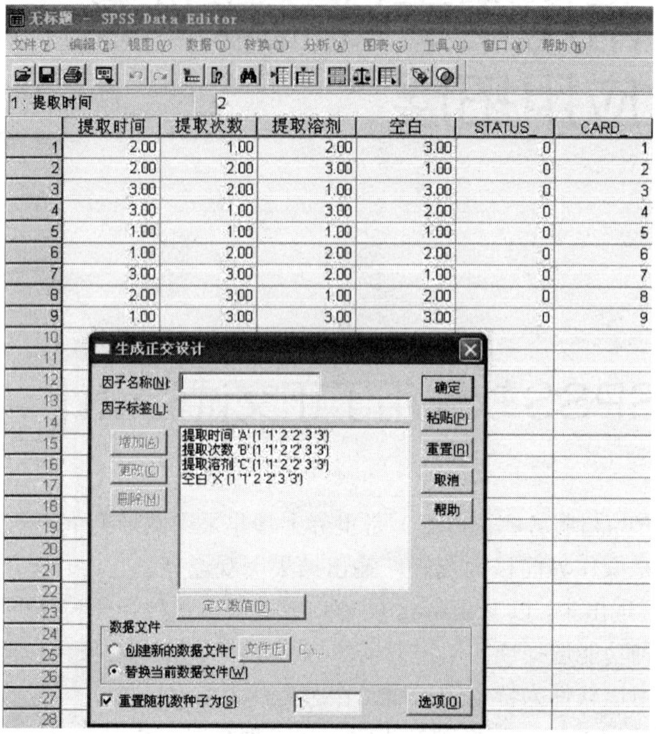

图8-2

（3）生成正交表（将各参数小数位设为 0），如图 8-3 所示。

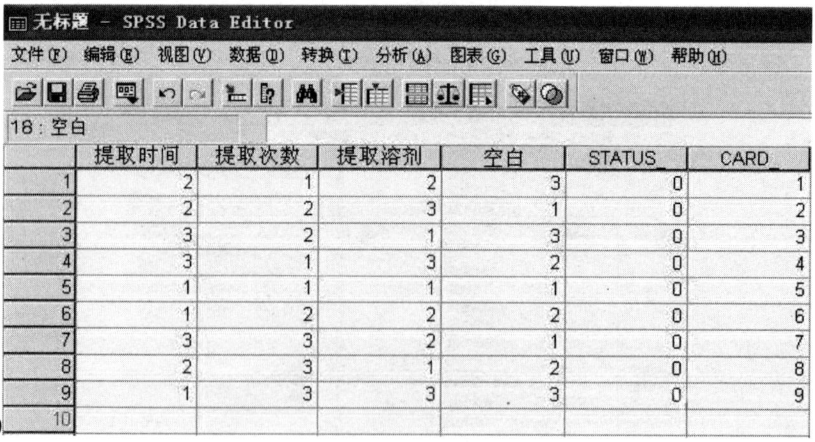

图8-3

（4）增加变量（考察指标），输入检测结果，如图 8-4 所示。

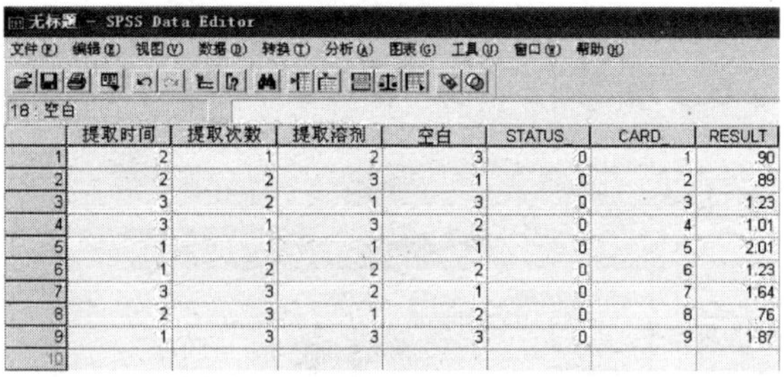

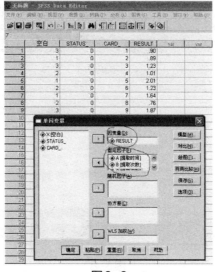

图8-4

（5）进行单因变量多因素方差分析，如图 8-5 所示。

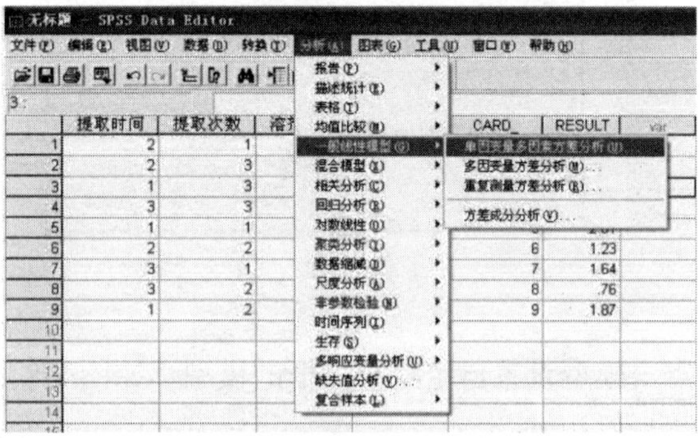

图8-5

（6）将因素和结果导入相应对话框中，如图 8-6 所示。

图8-6

（7）设置选项：点击选项将因素导入显示平均值对话框，如图 8-7 所示。

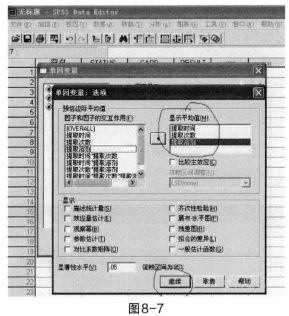

图8-7

（8）设置模型：点击模型设置自定义对话框的模型，如图 8-8 所示。

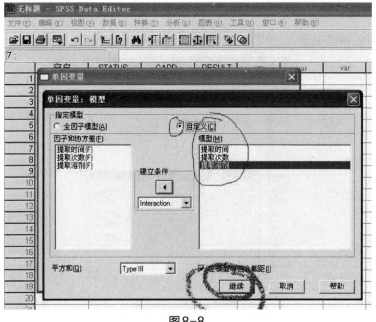

图8-8

（9）确定后即可得到分析结果，如图8-9所示。

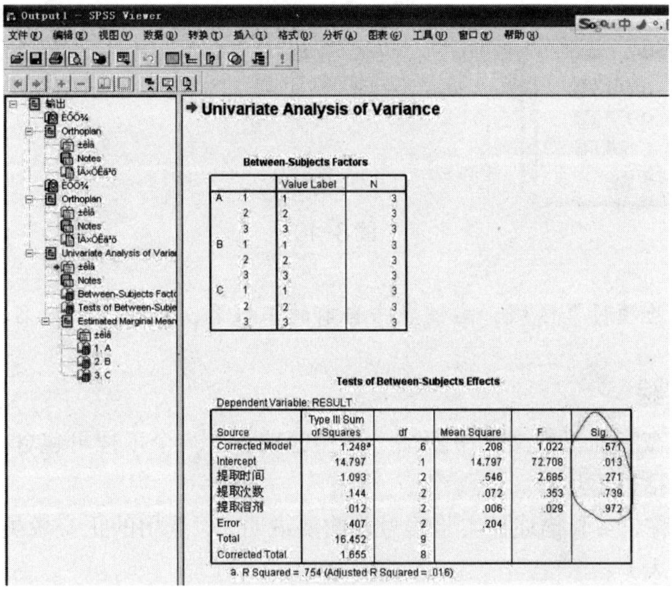

图8-9

【注意】文中的因素水平及数据仅作参考使用，不是真实实验数据。

任务二　正交助手软件用于正交试验设计

正交设计助手 Ⅱ3.1 软件介绍及使用实例说明如下。

1. 软件简介

正交设计助手 Ⅱ3.1 是一款针对正交试验设计及结果分析而制作的专业软件。正交设计方法是常用的实验设计方法，它能够以较少的实验次数得到科学的实验结论。但是经常不得不重复一些机械的工作，如填实验安排表、计算各个水平的均值等等。正交设计助手可以帮助完成这些烦琐的工作。此款软件支持混合水平实验，支持结果输出到 RTF、CVS、HTML 页面和直接打印。

2. 创建与管理工程

打开软件后，在文件菜单项下可以选择"新建工程"或"打开工程"，工程文件以

lat 作为扩展名。如图 8-10 所示。

图 8-10

注：在"实验项目"区域，右键点击当前的工程名，可修改工程名称。

3. 设计实验

新建实验：在当前工程文件中新增一个实验项目，一个工程可包含多个实验项目。每个实验项目包括以下项目。

（1）实验名称、实验描述（实验编号及简要说明）、选用的正交表类型（是标准正交表还是混合水平表）；

（2）选用的正交表（如 L27_3_13）；

（3）表头设计结果（每个实验因素的名称、所在列及各水平的描述）。

单击实验—新建实验，如图 8-11 所示。

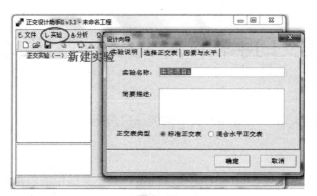

图 8-11

该软件支持混合水平实验设计，可以选择一个更为合适的实验混合水平表（使用工具 blend.exe——混合水平表编辑器改造系统提供的标准正交表）。如果是混合水平实验，要注意每列所能支持的最大水平数。

【注意】右键点击当前的实验名称，可以修改实验信息或删除当前实验。

4. 分析实验结果

（1）**直观分析**：根据所选用的正交表对当前实验数据作出基本的直观分析表。

（2）**因素指标**：以直观分析表的结果，作出当前的因素指标图（即效应曲线图）。

（3）**交互作用**：选择两个因素进行交互作用分析，作出交互作用表。

（4）**方差分析**：设定数据中的误差所在列，并选择所要采用的 F 检验临界值表。计算出偏差平方和（S）和 F 比，并给出显著性指标（图 8-12）。

【**注意**】如果实验数据未正确输入，系统不能进行分析操作。

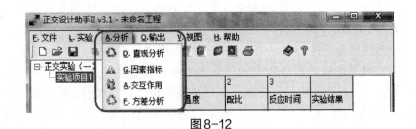

图 8-12

5. 输出结果

（1）**保存 RTF**：将当前选择的实验页，即当前打开工程的当前选定实验项目的当前结果页（如实验设计表或直观分析表等）输出成 RTF 文件，可以用 Word 打开阅览。

（2）**保存 CVS**：同上述，将当前选定的实验项目的当前结果页（只能是表格）保存成 CVS 文件，可以用 Excel 打开阅览。

（3）**输出为 HTML 格式**：同上述，将当前表格存成 HTML 文件。

（4）**打印输出**：同上述，将当前表格以草稿方式输出到打印机，适用于快速打印结果。

（5）**保存图形**：将当前选择的实验因素指标图保存为 BMP 图形文件（图 8-13）。

图 8-13

6. 改造正交表

为了满足混合正交实验设计的需要，本软件提供了一个正交表改造工具——混合水平表编辑器：blend.exe（图 8-14），可以对标准正交表进行合理的改造以满足特殊的实验设计要求。

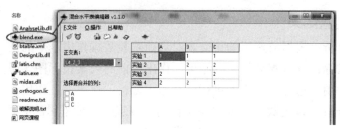

图8-14

（1）文件-**创建**：以系统提供的多个标准正交表为源，通过两种方式来改造正交表。

合并法适用于在较少水平数的正交表中安排更多水平数的实验。操作如下：选择一个正交表，并选择要合并的列，从菜单或工具栏上点"合并"即可。

拟水平法适用于在较多水平数上的正交表中安排较少水平数的实验。操作如下：先选择一个正交表，在右边表格里，选择一个要替换的单元格，点击鼠标右键，会弹出一个菜单，列出当前列的所有水平数，选一个水平数来替换当前选中的单元格的水平数。完成编辑后，从菜单或工具栏执行"保存"，将改动保存下来以供正交设计助手使用。如果对改动不满意，可以点击"恢复"，即可恢复到正交的初始状态。

（2）文件-**管理**：可以删除保存的混合水平表。如果对某个表不满意或是不再使用，请删除。系统为区分标准正交表与混合水平表，会自动为每个生成的混合表加上了 x_ 的前缀，请不要手动修改。

任务三 正交设计助手使用实例

下面以分析某化合物合成实验中温度、配比、反应时间等对实验结果的影响为例，详细介绍了正交设计助手的使用实例，该实验是 3 因素 2 水平，不考虑交互影响。详细过程如下：

（1）新建工程。操作如图 8-15 所示。

图8-15

（2）选择新建实验项目，会出现设计向导。依次填写实验名称及描述、选择正交表、因素（即影响因素）与水平（即每个因素下选的变化数值），最后点击确定。如图 8-16 所示。

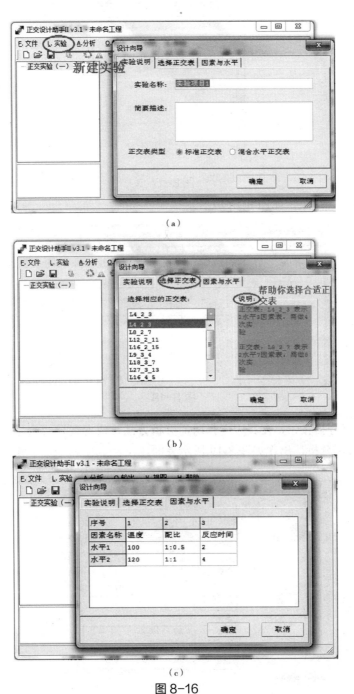

（a）

（b）

（c）

图 8-16

（3）点击工程前的"+"，就会出现设置好的实验计划表，如图 8-17 所示。

图 8-17

（4）输入实验结果，如图 8-18 所示。

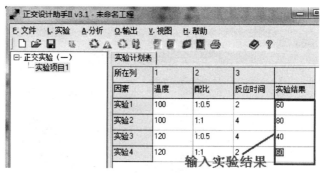

图 8-18

（5）再选择分析按钮，在其中选择所需分析方法，或者选择相应分析方法的快捷键。

① 点击直观分析，出现如图 8-19 所示界面。

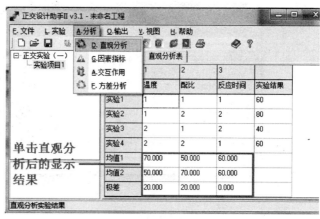

图 8-19

②　点击因素指标，出现如图 8-20 所示界面。

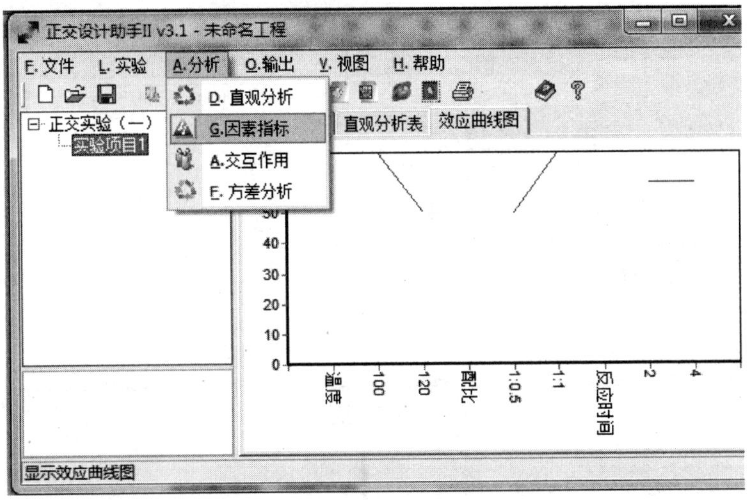

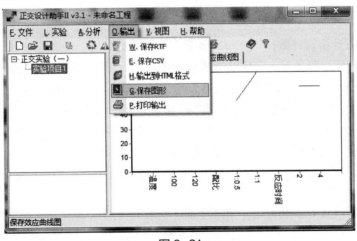

图 8-20

这个结果说明 120℃比 100℃好，配比 1∶1 比 1∶0.5 好，反应时间对实验结果基本无影响。

（6）如需输出该效应曲线图，点击输出—保存图形，即可将此图形文件保存至指定目录。如图 8-21 所示。

图 8-21

（7）如需保存工程可点击<文件>，选择<保存工程>或者点击快捷键。如图 8-22 所示。

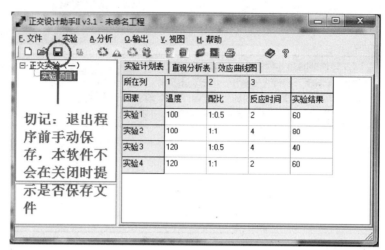

图 8-22

【注】该实验是 3 因素 2 水平，不考虑交互影响。若考虑交互影响可参阅正交试验表头设计的相关内容，然后选取合适的正交表即可。若实验为混合正交，则需先借助混合水平表编辑器（blend.exe）改造标准正交表，然后再将改动保存下来以供正交设计助手使用即可。

任务四　正交试验设计模板

正交试验设计中，对数据人工进行计算，不仅费时费力，还容易出错，而 Excel 能快速、准确地对数据进行处理，在化学分析检验中使用，可以快速处理实验所得数据，找出实验数据的规律。本书中设计使用 Excel 制作了正交试验设计模板，并针对 Excel 功能上的不足，使用 VBA（应用程序语言）编写了清除数据、自动排序、保存工作表等功能的程序代码，使 Excel 功能更加完善，拓展了 Excel 的应用范围。使用该模板可以省去烦琐的数据处理步骤，将实验结果直观地表现出来。

Excel 正交试验设计模板，可以登录 www.cipedu.com.cn "化工教育" 网站，注册后下载。

【例8-1】从以往积累的经验和有关资料分析，认为影响预膜效果的因素是使用浓度、pH 值、预膜时间和温度；并根据已有资料及初步预试验确定，该 4 种因子均取 3 水平，则选用正交表 $L_9(3^4)$，如图 8-23 所示。图中铺底部分可根据不同的试验而输入相应的因子水平。

一、试验的因子与水平

影响试验的因子与水平见图 8-23。

水平＼因子	A 时间/h	B 浓度/（mg/L）	C 温度/℃	D pH
1	8	640:160	30	5.2
2	16	640:208	40	5.5
3	24	640:256	50	5.8

图 8-23　影响试验的因子与水平

二、试验方案与试验结果

试验方案与试验结果如图 8-24 所示。

试验号	A 时间/h	B 浓度/（mg/L）	C 温度/℃	D pH	指标值 缓蚀率/%
1	8	640:160	30	5.2	38.24
2	8	640:208	40	5.5	94.14
3	8	640:256	50	5.8	80.43
4	16	640:160	40	5.8	79.88
5	16	640:208	50	5.2	81.39
6	16	640:256	30	5.5	95.80
7	24	640:160	50	5.5	91.56
8	24	640:208	30	5.8	85.53
9	24	640:256	40	5.2	77.67

图 8-24　试验方案与结果

图中第 A~D 列是正交表排列，即为试验方案，最后一列是指标值（即试验结果）。

三、指标 K、平均指标 k 及极差 R 的计算

指标 K、平均指标 k 及极差 R 的计算结果如图 8-25～图 8-29 所示。

项目		A 时间/h	B 浓度/（mg/L）	C 温度/℃	D pH
K	1	212.81	209.68	219.57	197.3
	2	257.07	261.06	251.69	281.5
	3	254.76	253.9	253.38	245.84
k	1	70.94	69.89	73.19	65.77
	2	85.69	87.02	83.90	93.83
	3	84.92	84.63	84.46	81.95
R		14.75	17.13	11.27	28.07

图 8-25　指标 K、k 及极差 R 的计算

=SUMIF($E$12:$E$20,E5,$I$12:$I$20)

指标值K的函数

"E5"指的是因子A的1水平

因子\\K,k,R		A	B	C	D
		时间/h	浓度/(mg/L)	温度/℃	pH
K	1	212.81	209.68	219.57	197.3
	2	257.07	261.06	251.69	281.5
	3	254.76	253.9	253.38	245.84
k	1	70.94	69.89	73.19	65.77
	2	85.69	87.02	83.90	93.83
	3	84.92	84.63	84.46	81.95
R		14.75	17.13	11.27	28.07

图8-26 指标值K

因子\\试验号	A	B	C	D	指标值
	时间/h	浓度/(mg/L)		pH	缓蚀率/%
1	8	640:160	30	5.2	38.24
2	8	640:208	40	5.5	94.14
3	8	640:256	50	5.8	80.43
4	16	640:160	40	5.8	79.88
5	16	640:208	50	5.2	81.39
6	16	640:256	30	5.5	95.80
7	24	640:160	50	5.5	91.56
8	24	640:208	30	5.8	85.5
9	24	640:256	40	5.2	

指标值K的范围

指标值K的范围

图8-27 指标值K的范围

=E26/COUNTIF(E$12:E$20,E5)

平均指标值k的函数

对应的指标值

范围内水平是"8"的个数

因子\\K,k,R		A	B	C	D
		时间/h	浓度/(mg/L)	温度/℃	pH
K	1	212.81	209.68	219.57	197.3
	2	257.07	261.06	251.69	281.5
	3	254.76	253.9	253.38	245.84
k	1	70.94	69.89	73.19	65.77
	2	85.69	87.02	83.90	93.83
	3	84.92	84.63	84.46	81.95
R		14.75	17.13	11.27	28.07

图8-28 平均指标值k

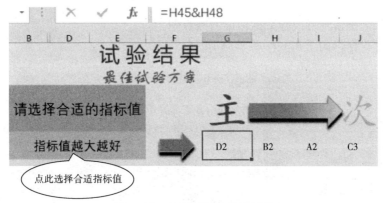

fx =MAX(E29:E31)-MIN(E29:E31)

K,k,R	因子	A	B	C	D
		时间/h	浓度/（mg/L）	温度/℃	pH
K	1	212.81	209.68	219.57	197.3
	2	257.07	261.06	251.69	281.5
	3	254.76	253.9	253.38	245.84
k	1	70.94	69.89	73.19	65.77
	2	85.69	87.02	83.90	93.83
	3	84.92	84.63	84.46	81.95
R		14.75	17.13	11.27	28.07

（极值R运用的函数）

（对应的范围）

图8-29 极值 R

四、得出最佳试验方案

图 8-30 为最佳试验方案的计算。

=LOOKUP （1,0/（LARGE（E32:H32,1）='L9（3-4）'!$E$32:$H$32），'L9（3-4）'!$E$24:$H$24）&

此段公式是通过 LOOKUP 语句以及 LARGE 语句，将指标值按从大到小的顺序排列后，根据选择的指标值越大或越小，找出所需的指标值，并在所在的单元格显示出其指标值相对应的因子

IF(D40="指标值越小越好",LOOKUP(1,0/(MIN(H29:H31)='L9(3-4)'!H29:H31),'L9（3-4）'!$D$29:$D$31),LOOKUP（1,0/（MAX（H29:H31）='L9（3-4）'!H29:H31），'L9（3-4）'!$D$29:$D$31））

此段公式是根据选择的指标值越大或越小，同时根据前段公式得出的因子，选出其相对应的水平，并将因子与水平共同显示在单元格中，从而得出最佳试验方案。

在指标值区域，根据试验结果好坏与指标值大小关系选择合适的选项，则可自动得出最佳试验方案，并将影响因素按从主到次的顺序排列，如图 8-31 所示。

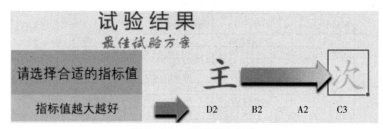

图8-31　最佳试验方案

由于指标值是缓蚀率，所以指标值越大越好，因此理论上较好工艺条件是 $D_2 B_2 A_2 C_3$，即 pH 取 5.5，浓度比控制在 640∶208mg/L，时间为 16h，温度控制在 50℃。

五、绘制指标与因子的关系图

（1）插入一张带平滑线和数据标记的散点图。

（2）选择数据，如图 8-32～图 8-34 所示。

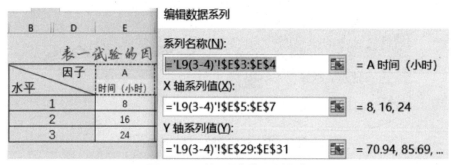

图8-32　以因子作为系列名称

图8-33　以该因子的各项水平作为 x 轴

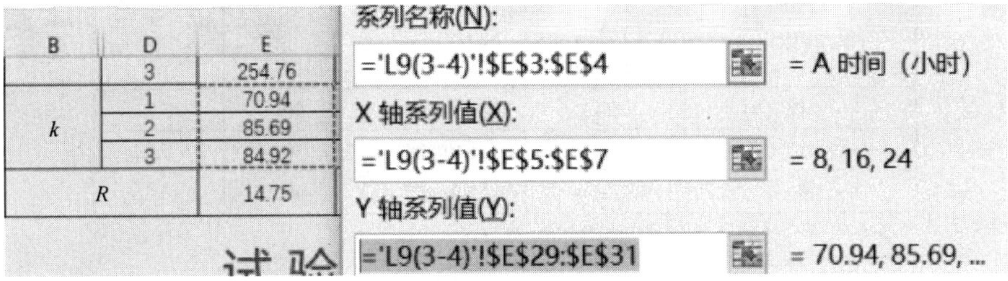

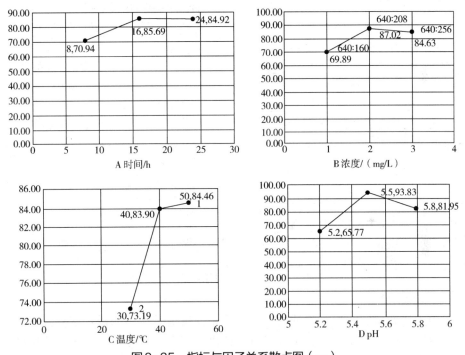

图8-34　以k值作为y轴

按照上述步骤制出散点图，如图8-35所示。从图中可以更清楚地观察出指标与因子的关系，并且也可以根据此图进一步地试验，找出更优化的方案。

图8-35　指标与因子关系散点图（一）

如图8-35中的"1"处，当指标值越大越好时，在给出的水平中此水平是最好的，但是从曲线的变化上可以看出，在两水平中间存在最高点，此时可以在这两个水平中再次进行细化的试验，找出更好的水平；反之，如图8-35中的"2"处，当指标值越小越好时，因子还可以变小，再次试验，也可找出更好的水平。

在制作散点图时，可能会出现一些问题。因为给出的数据中，各因子的水平并不一定是按照从小到大的顺序排列，如图8-36所示。这样会导致散点图出现如图8-37所示的情况。

水平	A 时间/h	B 浓度/（mg/L）	C 温度/℃	D pH
1	24	640:160	50	5.8
2	8	640:208	30	5.2
3	16	640:256	40	5.5

图 8-36

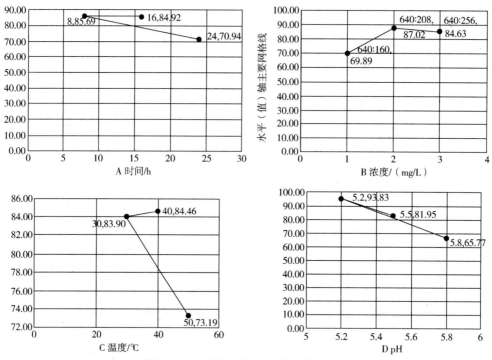

图8-37　指标与因子关系散点图（二）

从图中无法看出它想要表达的内容，由于正交表最后得出的最佳试验方案，是根据指标值从各因子的水平中选取最大或者最小值进行组合，所以各因子水平的排序对试验结果不会造成影响。因此，在输入数据后，点击表格右侧的"自动升序"按钮，这样，生成的散点图就不会出现上述情况。

六、结果保存

得出最佳试验方案后，点击如图 8-38 中所示的"保存结果"，即可将实验结果与本工作表上所有内容以新的 Excel 表格形式保存，并以"表名+正交实验结果+当前日期"保存在模板所在的文件夹里；保存完毕后，可点击如图 8-38 中所示的"清除表格"，即可清空表格中的全部数据，进行下一组试验，或者点击"返回首页"重新选择新的正交表进行下一组试验。注意，清除后，无法恢复数据，请妥善清除。如在页面顶端，点击最上方表名也可返回首页。

返回首页	保存结果	清除表格

图8-38 结果保存

任务五　VBA在正交试验模板中的应用

一、VBA简介

VBA（Visual Basic for Application，应用程序语言），是用于开发应用程序的 Basic 语言。VBA 不是一个独立存在的语言，它必须基于一个主应用程序，例如，基于 Microsoft Excel 的 VBA。使用 VBA 可以做到很多事情，举例如下：

（1）可以录制一个宏，自动运行一系列标准动作。例如，在 Excel 中插入图表，并改变图表样式。

（2）可以写一些代码自动运行多次命令，根据运行的条件给出判断。例如，每次打开 Excel 工作簿，默认显示某个工作表。

（3）可以生成用户窗体或者自定义对话框，让用户进行选择，为运行的代码设定条件。

（4）可以用 VBA 执行在用户窗体中不能直接操作的动作。例如使用 VBA 可以对未激活的工作表进行操作。

（5）可以用一个软件控制另一个软件。例如，可以用 Word 把表格从文档写入 Excel 工作表。

二、宏简介

Excel 提供了录制宏的操作，宏是一连串可以重复使用的指令，可以使用一个命令反复运行宏，在重复性高的操作中反复使用能极大地简化操作步骤。但是，只有在 Excel 中能够实现的操作才能录制成宏，而对于那些在 Excel 中无法完成的操作是无法录制宏的，也就不能通过宏来执行一些复杂过程。因此，对于一些复杂的操作功能必须通过编写 VBA 指令生成宏来实现。在编写过程中，可以用宏录制一些基本操作，录制完成后，可以在 Visual Basic 编辑器中见到代码，并进行修改，把不必要的命令删去。在对宏进行编辑时，还可以加入其他命令。

三、VBA 在正交试验模板中的应用

（1）每次打开 Excel 工作簿，默认显示第一个工作表，即首页。代码如下：

```
Private Sub Workbook_Open（）
MsgBox "欢迎使用本模板!"
Sheet1.Select
End Sub
```

此段 VBA 代码的意思为，每次打开工作表时都会显示"欢迎使用本模板!"并自动显示在首页，这样使用者使用时就可以先行阅读使用说明，或直接选择要使用的正交表，这样就不会在打开后出现上一位使用者退出时的页面。

（2）自动升序、清空表格。代码如下：

```
Sub  删除数据 3（）
Range（"F6:L8"）.Select
Selection.ClearContents
Range（"M11:M20"）.Select
Selection.ClearContents
End Sub
```

点击"自动升序"按键可以将指定区域内的数据清除，但是请注意清除无法撤回；点击"清空表格"按键可以清除输入的数据，使模板恢复初始状态。

这两段代码是通过 Excel 里的录制宏功能完成的，简单方便，不需要人为地编写大段代码，方便快捷。

（3）保存结果。代码如下：

```
Sub SaveAs3（）
    On Error Resume Next
    Dim FolderPath As String, FolderName As String, BN As String
    Dim ReturnValue As Integer
    BN = ActiveWorkbook.Name
    FolderPath = ThisWorkbook.Path
    Application.ScreenUpdating = False
    Application.DisplayAlerts = False
        Set Wk = Workbooks.Add
        Workbooks（BN）.Sheets（3）.Copy before:=Wk.Worksheets（"Sheet1"）
        Wk.SaveAs FolderPath & "\" & "L8（2-7）正交实验结果" & Format（Now（），
```

"yyyymmdd_hhmmss"） & ".xlsx"

    Wk.Close

   Application.DisplayAlerts = True

   Application.ScreenUpdating = True

   MsgBox "另存成功！文件名：" & "L8（2-7） 正交实验结果" & Format（Now（），"yyyymmdd_hhmmss"） & ".xlsx"""

  End Sub

  在化学分析工作中，需要对原始数据进行保存，数据处理模板通过 VBA 实现了这一过程。通过点击"保存结果"按键，可以将实验结果与本工作表上所有内容以新的 Excel 表格形式保存，保存位置为当前模板所在的文件夹，并以"表名+正交实验结果+当前日期"命名，如图 8-39 所示。

Microsoft Excel   ✕

  另存成功！文件名：L9（3-4） 正交实验结果20181224_154903.xlsx"程岸丽

                  确定

图 8-39

附录一　*t*分布表（双边）

$P\left(|t|>t_\alpha\right)=\alpha$

f	α				
	0.10	0.05	0.02	0.01	0.001
1	6.31	12.71	31.82	63.66	636.62
2	2.92	4.30	6.37	9.93	31.60
3	2.35	3.18	4.54	5.84	12.92
4	2.13	2.78	3.25	4.60	8.61
5	2.02	2.57	3.67	4.03	6.86
6	1.94	2.45	3.14	3.71	5.96
7	1.90	2.37	3.00	3.50	5.41
8	1.86	2.31	2.90	3.36	5.04
9	1.83	2.26	2.82	3.25	4.78
10	1.81	2.23	2.76	3.17	4.59
11	1.80	2.20	2.72	3.11	4.44
12	1.78	2.18	2.68	3.06	4.32
13	1.77	2.16	2.65	3.01	4.22
14	1.76	2.15	2.62	2.98	4.14
15	1.75	2.13	2.60	2.95	4.07
16	1.75	2.12	2.58	2.92	4.02
17	1.74	2.11	2.57	2.90	3.97
18	1.73	2.10	2.55	2.88	3.92

续表

f	α				
	0.10	0.05	0.02	0.01	0.001
19	1.73	2.09	2.54	2.86	3.88
20	1.73	2.09	2.53	2.85	3.85
21	1.72	2.08	2.52	2.83	3.82
22	1.72	2.07	2.51	2.82	3.79
23	1.71	2.07	2.50	2.81	3.75
24	1.71	2.06	2.49	2.80	3.75
25	1.71	2.06	2.48	2.79	3.73
26	1.71	2.06	2.48	2.78	3.71
27	1.70	2.05	2.47	2.77	3.70
28	1.70	2.05	2.47	2.76	3.67
29	1.70	2.04	2.46	2.76	3.66
30	1.70	2.04	2.46	2.75	3.65
40	1.68	2.02	2.42	2.70	3.55
60	1.67	2.00	2.39	2.66	3.46
∞	1.65	1.96	2.33	2.58	3.29

附录二 常用正交表 [L$_{试验次数}$（水平数^{因子数}）]

1. L$_4$（2^3）   2. L$_8$（2^7）   3. L$_9$（3^4）

4. L$_{16}$（4^5）   5. L$_{16}$（2^{15}）   6. L$_{25}$（5^6）

7. L$_{27}$（3^{13}）   8. L$_8$（$4×2^4$）   9. L$_{18}$（$2×3^7$）

1. L$_4$（2^3）

试验号	列号		
	1	2	3
1	1	1	1
1	1	2	2
3	2	1	2
4	2	2	1

注：任两列的交互作用为第三列。

2. L$_8$（2^7）

试验号	列号						
	1	2	3	4	5	6	7
1	1	1	1	1	1	1	1
1	1	1	1	2	2	2	2
3	1	2	2	1	1	2	2
4	1	2	2	2	2	1	1
5	2	1	2	1	2	1	2
6	2	1	2	2	1	2	1
7	2	2	1	1	2	2	1
8	2	2	1	2	1	1	2

L$_8$（2^7）二列间的交互作用系列

列号							试验号
1	2	3	4	5	6	7	
（1）	3	2	5	4	7	6	1
	（2）	1	6	7	4	5	2
		（3）	7	6	5	4	3
			（4）	1	2	3	4
				（5）	3	2	5
					（6）	1	6
						（7）	7

3. L_9（3^4）

试验号	列号			
	1	2	3	4
1	1	1	1	1
2	1	2	2	2
3	1	3	3	3
4	2	1	2	3
5	2	2	3	1
6	2	3	1	2
7	3	1	3	2
8	3	2	1	3
9	3	3	2	1

注：任意两列的交互列是另外两列。

4. L_{16}（4^5）

试验号	列号				
	1	2	3	4	5
1	1	1	1	1	1
2	1	2	2	2	2
3	1	3	3	3	3

续表

试验号	列号				
	1	2	3	4	5
4	1	4	4	4	4
5	2	1	2	3	4
6	2	2	1	4	3
7	2	3	4	1	2
8	2	4	3	2	1
9	3	1	3	4	2
10	3	2	4	3	1
11	3	3	1	2	4
12	3	4	2	1	3
13	4	1	4	2	3
14	4	2	3	1	4
15	4	3	2	4	1
16	4	4	1	3	2

注：任意两列的交互列是另外三列。

5. $L_{16}(2^{15})$

试验号	列号														
	1	2	3	4	5	6	7	8	9	10	11	12	13	14	15
1	1	1	1	1	1	1	1	1	1	1	1	1	1	1	1
2	1	1	1	1	1	1	1	2	2	2	2	2	2	2	2
3	1	1	1	2	2	2	2	1	1	1	1	2	2	2	2
4	1	1	1	2	2	2	2	2	2	2	2	1	1	1	1
5	1	2	2	1	1	2	2	1	1	2	2	1	1	2	2
6	1	2	2	1	1	2	2	2	2	1	1	2	2	1	1
7	1	2	2	2	2	1	1	1	1	2	2	2	2	1	1
8	1	2	2	2	2	1	1	2	2	1	1	1	1	2	2
9	2	1	2	1	2	1	2	1	2	1	2	1	2	1	2
10	2	1	2	1	2	1	2	2	1	2	1	2	1	2	1

试验号	列号														
	1	2	3	4	5	6	7	8	9	10	11	12	13	14	15
11	2	1	2	2	1	2	1	1	2	1	2	2	1	2	1
12	2	1	2	2	1	2	1	2	1	2	1	1	2	1	2
13	2	2	1	1	2	2	1	1	2	2	1	1	2	2	1
14	2	2	1	1	2	2	1	2	1	1	2	2	1	1	2
15	2	2	1	2	1	1	2	1	2	2	1	2	1	1	2
16	2	2	1	2	1	1	2	2	1	1	2	1	2	2	1

$L_{16}(2^{15})$ 二列间的交互作用

列号															试验号
1	2	3	4	5	6	7	8	9	10	11	12	13	14	15	
(1)	3	2	5	4	7	6	9	8	11	10	13	12	15	14	1
	(2)	1	6	7	4	5	10	11	8	9	14	15	12	13	2
		(3)	7	6	5	4	11	10	9	8	15	14	13	12	3
			(4)	1	2	3	12	13	14	15	8	9	10	11	4
				(5)	3	2	13	12	15	14	9	8	11	10	5
					(6)	1	14	15	12	13	10	11	8	9	6
						(7)	15	14	13	12	11	10	9	8	7
							(8)	1	2	3	4	5	6	7	8
								(9)	3	2	5	4	7	6	9
									(10)	1	6	7	4	5	10
										(11)	7	6	5	4	11
											(12)	1	2	3	12
												(13)	3	2	13
													(14)	1	14
														(15)	15

6. $L_{25}(5^6)$

试验号	列号					
	1	2	3	4	5	6
1	1	1	1	1	1	1

续表

试验号	列号					
	1	2	3	4	5	6
2	1	2	2	2	2	2
3	1	3	3	3	3	3
4	1	4	4	4	4	4
5	1	5	5	5	5	5
6	2	1	2	3	4	5
7	2	2	3	4	5	1
8	2	3	4	5	1	2
9	2	4	5	1	2	3
10	2	5	1	2	3	4
11	3	1	3	5	2	4
12	3	2	4	1	3	5
13	3	3	5	2	4	1
14	3	4	1	3	5	2
15	3	5	2	4	1	3
16	4	1	4	2	5	3
17	4	2	5	3	1	4
18	4	3	1	4	2	5
19	4	4	2	5	3	1
20	4	5	3	1	4	2
21	5	1	5	4	3	2
22	5	2	1	5	4	3
23	5	3	2	1	5	4
24	5	4	3	2	1	5
25	5	5	4	3	2	1

注：任意两列的交互列是另外四列。

7. $L_{27}(3^{13})$

试验号	列号												
	1	2	3	4	5	6	7	8	9	10	11	12	13
1	1	1	1	1	1	1	1	1	1	1	1	1	1

试验号	列号												
	1	2	3	4	5	6	7	8	9	10	11	12	13
2	1	1	1	1	2	2	2	2	2	2	2	2	2
3	1	1	1	1	3	3	3	3	3	3	3	3	3
4	1	2	2	2	1	1	1	2	2	2	3	3	3
5	1	2	2	2	2	2	2	3	3	3	1	1	1
6	1	2	2	2	3	3	3	1	1	1	2	2	2
7	1	3	3	3	1	1	1	3	3	3	2	2	2
8	1	3	3	3	2	2	2	1	1	1	3	3	3
9	1	3	3	3	3	3	3	2	2	2	1	1	1
10	2	1	2	3	1	2	3	1	2	3	1	2	3
11	2	1	2	3	2	3	1	2	3	1	2	3	1
12	2	1	2	3	3	1	2	3	1	2	3	1	2
13	2	2	3	1	1	2	3	2	3	1	3	1	2
14	2	2	3	1	2	3	1	3	1	2	1	2	3
15	2	2	3	1	3	1	2	1	2	3	2	3	1
16	2	3	1	2	1	2	3	3	1	2	2	3	1
17	2	3	1	2	2	3	1	1	2	3	3	1	2
18	2	3	1	2	3	1	2	2	3	1	1	2	3
19	3	1	3	2	1	3	2	1	3	2	1	3	2
20	3	1	3	2	2	1	3	2	1	3	2	1	3
21	3	1	3	2	3	2	1	3	2	1	3	2	1
22	3	2	1	3	1	3	2	2	1	3	3	2	1
23	3	2	1	3	2	1	3	3	2	1	1	3	2
24	3	2	1	3	3	2	1	1	3	2	2	1	3
25	3	3	2	1	1	3	2	3	2	1	2	1	3
26	3	3	2	1	2	1	3	1	3	2	3	2	1
27	3	3	2	1	3	2	1	2	1	3	1	3	2

$L_{27}(3^{13})$ 二列间的交互作用

列号														试验号
1	2	3	4	5	6	7	8	9	10	11	12	13		
(1)	3 4	2 4	2 3	6 7	5 7	5 6	9 10	8 10	8 9	12 13	11 13	11 12		1
	(2)	1 4	1 3	8 11	9 12	10 13	5 11	6 12	7 13	5 8	6 9	7 10		2
		(3)	1 2	9 13	10 11	8 12	7 12	5 13	6 11	6 10	7 8	5 9		3

续表

1	2	3	4	5	6	7	8	9	10	11	12	13	试验号
			(4)	10 12	8 13	9 11	6 13	7 11	5 12	7 9	5 10	6 8	4
				(5)	1 7	1 6	2 11	3 13	4 12	2 8	4 10	3 9	5
					(6)	1 5	4 13	2 12	3 11	3 10	2 9	4 8	6
						(7)	3 12	4 11	2 13	4 9	3 8	2 10	7
							(8)	1 10	1 9	2 5	3 7	4 6	8
								(9)	1 8	4 7	2 6	3 5	9
									(10)	3 6	4 5	2 7	10
										(11)	1 13	1 12	11
											(12)	1 11	12

8. L_8（4×2^4）

试验号	列号				
	1	2	3	4	5
1	1	1	1	1	1
2	1	2	2	2	2
3	2	1	1	2	2
4	2	2	2	1	1
5	3	1	2	1	2
6	3	2	1	2	1
7	4	1	2	2	1
8	4	2	1	1	2

9. L_{18}（2×3^7）

试验号	列号							
	1	2	3	4	5	6	7	8
1	1	1	1	1	1	1	1	1
2	1	1	2	2	2	2	2	2

试验号	列号							
	1	2	3	4	5	6	7	8
3	1	1	3	3	3	3	3	3
4	1	2	1	1	2	2	3	3
5	1	2	2	2	3	3	1	1
6	1	2	3	3	1	1	2	2
7	1	3	1	2	1	3	2	3
8	1	3	2	3	2	1	3	1
9	1	3	3	1	3	2	1	2
10	2	1	1	3	3	2	2	1
11	2	1	2	1	1	3	3	2
12	2	1	3	2	2	1	1	3
13	2	2	1	2	3	1	3	2
14	2	2	2	3	1	2	1	3
15	2	2	3	1	2	3	2	1
16	2	3	1	3	2	3	1	2
17	2	3	2	1	3	1	2	3
18	2	3	3	2	1	2	3	1

附录三　F检验临界值表

（1）α=0.10

k_2	k_1																	
	1	2	3	4	5	6	7	8	9	10	15	20	30	50	100	200	500	∞
1	39.86	49.5	53.59	55.83	57.24	58.2	58.91	59.44	59.86	60.19	61.22	61.74	62.26	62.69	63.01	63.17	63.3	63.3
2	8.53	9.00	9.16	9.24	9.29	9.33	9.35	9.37	9.38	9.39	9.42	9.44	9.46	9.47	9.48	9.49	9.49	9.49
3	5.54	5.46	5.39	5.34	5.31	5.28	5.27	5.25	5.24	5.23	5.20	5.18	5.17	5.15	5.14	5.14	5.14	5.13
4	4.54	4.32	4.19	4.11	4.05	4.01	3.98	3.95	3.94	3.92	3.87	3.84	3.82	3.80	3.78	3.77	3.76	3.76
5	4.06	3.78	3.62	3.52	3.45	3.4	3.37	3.34	3.32	3.3	3.24	3.21	3.17	3.15	3.13	3.12	3.11	3.10
6	3.78	3.46	3.29	3.18	3.11	3.05	3.01	2.98	2.96	2.94	2.87	2.84	2.82	2.77	2.75	2.73	2.73	2.72
7	3.59	3.26	3.07	2.96	2.88	2.83	2.78	2.75	2.72	2.7	2.63	2.59	2.56	2.52	2.5	2.48	2.48	2.47
8	3.46	3.11	2.92	2.81	2.73	2.67	2.62	2.59	2.56	2.54	2.46	2.42	2.38	2.35	2.32	2.31	2.30	2.29
9	3.36	3.01	2.81	2.69	2.61	2.55	2.51	2.47	2.44	2.42	2.34	2.3	2.25	2.22	2.19	2.17	2.17	2.16
10	3.29	2.92	2.73	2.61	2.52	2.46	2.41	2.38	2.35	2.32	2.24	2.2	2.16	2.12	2.09	2.07	2.06	2.06
11	3.23	2.86	2.66	2.54	2.45	2.39	2.34	2.3	2.27	2.25	2.17	2.12	2.08	2.04	2.01	1.99	1.98	1.97
12	3.18	2.81	2.61	2.48	2.39	2.33	2.28	2.24	2.21	2.19	2.1	2.06	2.01	1.97	1.94	1.92	1.91	1.90
13	3.14	2.76	2.56	2.43	2.35	2.28	2.23	2.20	2.16	2.14	2.05	2.01	1.96	1.92	1.88	1.86	1.85	1.85
14	3.1	2.73	2.52	2.39	2.31	2.24	2.19	2.15	2.12	2.10	2.01	1.96	1.91	1.87	1.83	1.82	1.80	1.80
15	3.07	2.7	2.49	2.36	2.27	2.21	2.16	2.12	2.09	2.06	1.97	1.92	1.87	1.83	1.79	1.77	1.76	1.76
16	3.05	2.67	2.46	2.33	2.24	2.18	2.13	2.09	2.06	2.03	1.94	1.89	1.84	1.79	1.76	1.74	1.73	1.72
17	3.03	2.64	2.44	2.31	2.22	2.15	2.1	2.06	2.03	2.00	1.91	1.86	1.81	1.76	1.73	1.71	1.69	1.69
18	3.01	2.62	2.42	2.29	2.20	2.13	2.08	2.04	2.00	1.98	1.89	1.84	1.78	1.74	1.70	1.68	1.67	1.66
19	2.99	2.61	2.40	2.27	2.18	2.11	2.06	2.02	1.98	1.96	1.86	1.81	1.76	1.71	1.67	1.65	1.64	1.63
20	2.97	2.59	2.38	2.25	2.16	2.09	2.04	2.00	1.96	1.94	1.84	1.79	1.74	1.69	1.65	1.63	1.62	1.61
22	2.95	2.56	2.35	2.22	2.13	2.06	2.01	1.97	1.93	1.90	1.81	1.76	1.70	1.65	1.61	1.59	1.58	1.57
24	2.93	2.54	2.33	2.19	2.10	2.04	1.98	1.94	1.91	1.88	1.78	1.73	1.67	1.62	1.58	1.56	1.54	1.53
26	2.91	2.52	2.31	2.17	2.08	2.01	1.96	1.92	1.88	1.86	1.76	1.71	1.65	1.59	1.55	1.53	1.51	1.50
28	2.89	2.50	2.29	2.16	2.06	2.00	1.94	1.90	1.87	1.84	1.74	1.69	1.63	1.57	1.53	1.50	1.49	1.48

续表

k_2	k_1																	
	1	2	3	4	5	6	7	8	9	10	15	20	30	50	100	200	500	∞
30	2.88	2.49	2.28	2.14	2.05	1.98	1.93	1.88	1.85	1.82	1.72	1.67	1.61	1.55	1.51	1.48	1.47	1.46
40	2.84	2.44	2.23	2.09	2.00	1.93	1.87	1.83	1.79	1.76	1.66	1.61	1.54	1.48	1.43	1.41	1.39	1.38
50	2.81	2.41	2.20	2.06	1.97	1.90	1.84	1.80	1.76	1.73	1.63	1.57	1.50	1.44	1.49	1.36	1.34	1.33
60	2.79	2.39	2.18	2.04	1.95	187	1.82	1.77	1.74	1.71	1.60	1.54	1.48	1.41	1.36	1.33	1.31	1.29
80	2.77	2.37	2.15	2.02	1.92	1.85	1.79	1.75	1.71	1.68	1.57	1.51	1.44	1.38	1.32	1.28	1.26	1.24
100	2.76	2.36	2.14	2.00	1.91	1.83	1.78	1.73	1.70	1.66	1.56	1.49	1.42	1.35	1.29	1.26	1.23	1.21
200	2.73	2.33	2.11	1.97	1.88	1.80	1.75	1.70	1.66	1.63	1.52	1.46	1.38	1.31	1.24	1.20	1.17	1.14
500	2.72	2.31	2.10	1.96	1.86	1.79	1.73	1.68	1.64	1.61	1.50	1.44	1.36	1.28	1.21	1.16	1.12	1.09
∞	2.71	2.30	2.08	1.94	1.85	1.77	1.72	1.67	1.63	1.60	1.49	1.42	1.34	1.26	1.18	1.13	1.08	1.00

（2）$\alpha=0.05$

k_2	k_1																		
	1	2	3	4	5	6	7	8	9	10	12	15	20	24	30	40	60	120	∞
1	161.4	199.5	215.7	224.6	230.2	234.0	236.8	238.9	240.5	241.9	243.9	245.9	248.0	249.1	250.1	251.1	252.2	253.3	254.3
2	18.51	19.00	19.16	19.25	19.30	19.33	19.35	19.37	1938	19.40	19.41	19.43	19.45	19.45	19.46	19.47	19.48	19.49	19.50
3	10.13	9.55	9.28	9.12	9.01	8.94	8.89	8.85	8.81	8.79	8.74	8.70	8.66	8.64	8.62	8.59	8.57	8.55	8.53
4	7.71	6.94	6.59	6.39	6.26	6.16	6.09	6.04	6.00	5.96	5.91	5.86	5.80	5.77	5.75	5.72	5.69	5.66	5.63
5	6.61	5.79	5.41	5.19	5.05	4.95	4.88	4.82	4.77	4.74	4.68	4.62	4.56	4.53	4.50	4.46	4.43	4.40	4.36
6	5.99	5.14	4.76	4.53	4.39	4.28	4.21	4.15	4.10	4.06	4.00	3.94	3.87	3.84	3.81	3.77	3.74	3.70	3.67
7	5.59	4.74	4.35	4.12	3.97	3.87	3.79	3.73	3.68	3.64	3.57	3.51	3.44	3.41	3.38	3.34	3.30	3.27	3.23
8	5.32	4.46	4.07	3.84	3.69	3.58	3.50	3.44	3.39	3.35	3.28	3.22	3.15	3.12	3.08	3.04	3.01	2.97	2.93
9	5.12	4.26	3.86	3.63	3.48	3.37	3.29	3.23	3.18	3.14	3.07	3.01	2.94	2.90	2.86	2.83	2.79	2.75	2.71
10	4.96	4.10	3.71	3.48	3.33	3.22	3.14	3.07	3.02	2.98	2.91	2.85	2.77	32.74	2.70	2.66	2.62	2.58	2.54
11	4.84	3.98	3.59	3.36	3.20	3.09	3.01	2.95	2.90	2.85	2.79	2.72	2.65	2.61	2.57	2.53	2.49	2.45	2.40
12	4.75	3.89	3.49	3.26	3.11	3.00	2.91	2.85	2.80	2.75	2.69	2.62	2.54	2.51	2.47	2.43	2.38	2.34	230
13	4.67	3.81	3.41	3.18	3.03	2.92	2.83	2.77	2.71	2.67	2.60	2.53	2.46	2.42	2.38	2.34	2.30	2.25	2.21
14	4.60	3.74	3.34	3.11	2.96	2.85	2.76	2.70	2.65	2.6	2.53	2.46	2.39	2.35	2.31	2.27	2.22	2.18	2.13
15	4.54	3.68	3.29	3.06	2.90	2.79	2.71	2.64	2.59	2.54	2.48	2.40	2.33	2.29	2.25	2.20	2.16	2.11	2.07
16	4.49	3.63	3.24	3.01	2.85	2.74	2.66	2.59	2.54	2.49	2.42	2.35	2.28	2.24	2.19	2.15	2.11	2.06	2.01

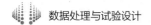

续表

k_2	k_1																		
	1	2	3	4	5	6	7	8	9	10	12	15	20	24	30	40	60	120	∞
17	4.45	3.59	3.20	2.96	2.81	2.70	2.61	2.55	2.49	2.45	238	2.31	2.23	2.19	2.15	2.10	2.06	2.01	1.96
18	4.41	3.55	3.16	2.93	2.77	2.66	2.58	2.51	2.46	2.41	2.34	2.27	2.19	2.15	2.11	2.06	2.02	1.97	1.92
19	4.38	3.52	3.13	2.90	2.74	2.63	2.54	2.48	2.42	238	2.31	2.23	2.16	2.11	2.07	2.03	1.98	1.93	1.88
20	4.35	3.49	3.10	2.87	2.71	2.60	2.51	2.45	2.39	2.35	2.28	2.20	2.12	2.08	2.04	1.99	1.95	1.90	1.84
21	4.32	3.47	3.07	2.84	2.68	2.57	2.49	2.42	2.37	2.32	2.25	2.18	2.10	2.05	2.01	1.96	1.92	1.87	1.81
22	4.30	3.44	3.05	2.82	2.66	2.55	2.46	2.40	2.34	2.30	2.23	2.15	2.07	2.03	1.98	1.94	1.89	1.84	1.78
23	4.28	3.42	3.03	2.80	2.64	2.53	2.44	2.37	2.32	2.27	2.20	2.13	2.05	2.01	1.96	1.91	1.86	1.81	1.76
24	4.26	3.40	3.01	2.78	2.62	2.51	2.42	2.36	2.30	2.25	2.18	2.11	2.03	1.98	1.94	1.89	1.84	1.79	1.73
25	4.24	3.39	2.99	2.76	2.60	2.49	2.40	2.34	2.28	2.24	2.16	2.09	2.01	1.96	1.92	1.87	1.82	1.77	1.71
26	4.23	3.37	2.98	2.74	2.59	2.47	2.39	2.32	2.27	2.22	2.15	2.07	1.99	1.95	1.90	1.85	1.80	1.75	1.69
27	4.21	3.35	2.96	2.73	2.57	2.46	2.37	2.31	2.25	2.20	2.13	2.06	1.97	1.93	1.88	1.84	1.79	1.73	1.67
28	4.20	3.34	2.95	2.71	2.56	2.45	2.36	2.29	2.24	2.19	2.12	2.04	1.96	1.91	1.87	1.82	1.77	1.71	1.65
29	4.18	3.33	2.93	2.70	2.55	2.43	2.35	2.28	2.22	2.18	2.10	2.03	1.94	1.90	1.85	1.81	1.75	1.70	1.64
30	4.17	3.32	2.92	2.69	2.53	2.42	2.33	2.27	2.21	2.16	2.09	2.01	1.93	1.89	1.84	1.79	1.74	1.68	1.62
40	4.08	3.23	2.84	2.61	2.45	2.34	2.25	2.18	2.12	2.08	2.00	1.92	1.84	1.79	1.74	1.69	1.64	1.58	1.51
60	4.00	3.15	2.76	2.53	237	2.25	2.17	2.10	2.04	1.99	1.92	1.84	1.75	1.70	1.65	1.59	1.53	1.47	1.39
120	3.92	3.07	2.68	2.45	2.29	2.17	2.09	2.02	1.96	1.91	1.83	1.75	1.66	1.61	1.55	1.50	1.43	1.35	1.25
∞	3.84	3.00	2.60	2.37	2.21	2.10	2.01	1.94	1.88	1.83	1.75	1.67	1.57	1.52	1.46	1.39	1.32	1.22	1.00

（3）$\alpha=0.025$

k_2	k_1																		
	1	2	3	4	5	6	7	8	9	10	12	15	20	24	30	40	60	120	∞
1	647.8	799.5	864.2	899.6	921.8	937.1	948.2	956.7	963.3	968.6	976.7	984.9	993.1	997.2	1001	1006	1010	1014	1018
2	38.51	39.00	39.17	39.25	39.30	39.33	39.36	39.37	39.39	39.40	39.41	39.43	39.45	39.46	39.46	39.47	39.48	39.49	39.50
3	17.44	16.04	15.44	15.10	14.88	14.73	14.62	14.54	14.47	14.42	44.34	14.25	14.17	14.12	14.08	14.04	13.99	13.95	13.90
4	12.22	10.65	9.98	9.60	9.36	9.20	9.07	8.98	8.90	8.84	8.75	8.66	8.56	8.51	8.46	8.41	8.36	8.31	8.26
5	10.01	8.43	7.76	7.39	7.15	6.98	6.85	6.76	6.68	6.62	6.52	6.43	6.31	6.28	6.23	6.18	6.12	6.07	6.02
6	8.81	7.26	6.60	6.23	5.99	5.82	5.70	5.60	5.52	5.46	5.37	5.27	5.17	5.12	5.07	5.01	4.96	4.90	4.85
7	8.07	6.54	5.89	5.52	5.29	5.12	4.99	4.90	4.80	4.76	4.67	4.57	4.47	4.42	6.36	4.31	4.25	4.20	4.14

k_2	k_1																		
	1	2	3	4	5	6	7	8	9	10	12	15	20	24	30	40	60	120	∞
8	7.57	6.06	5.42	5.05	4.82	4.65	4.53	4.43	4.36	4.30	4.20	4.10	4.00	3.95	3.89	3.84	3.78	3.73	3.67
9	7.21	5.71	5.08	4.72	4.48	4.32	4.20	4.10	4.03	3.96	3.87	3.77	3.67	3.61	3.56	3.51	3.45	3.39	3.33
10	6.94	5.46	4.83	4.47	4.24	4.07	3.95	3.85	3.78	3.72	3.62	3.52	3.42	3.37	3.31	3.26	3.20	3.14	3.08
11	6.72	5.26	4.63	4.28	4.04	3.88	3.76	3.66	3.59	3.53	3.43	3.33	3.23	3.17	3.12	3.06	3.00	2.94	2.88
12	6.55	5.10	4.47	4.12	3.89	3.73	3.61	3.51	3.44	3.37	3.28	3.18	3.07	3.02	2.96	2.91	2.85	2.79	2.72
13	6.41	4.97	4.35	4.00	3.77	3.60	3.48	3.39	3.31	3.25	3.15	3.05	2.95	2.89	2.84	2.78	2.72	2.66	2.60
14	6.30	4.86	4.24	3.89	3.66	3.50	3.38	3.29	3.21	3.15	3.05	2.95	2.84	2.79	2.73	2.67	2.61	2.55	2.49
15	6.20	4.77	4.15	3.80	3.58	3.41	3.29	3.20	3.12	3.06	2.96	2.86	2.76	2.70	2.64	2.59	2.52	2.46	2.40
16	6.12	4.69	4.08	3.73	3.50	3.34	3.22	3.12	3.05	2.99	2.89	2.79	2.68	2.63	2.57	2.51	2.45	2.38	2.32
17	6.04	4.62	4.01	3.66	3.44	3.28	3.16	3.06	2.98	2.92	2.82	2.72	2.62	2.56	2.50	2.44	2.38	2.32	2.25
18	5.98	4.56	3.95	3.61	3.38	3.22	3.10	3.01	2.93	2.87	2.77	2.67	2.56	2.50	2.44	2.38	2.32	2.66	2.19
19	5.92	4.51	3.90	3.56	3.33	3.17	3.05	2.96	2.88	2.80	2.72	2.62	2.51	2.45	2.39	2.33	2.27	2.20	2.13
20	5.87	4.46	3.86	3.51	3.29	3.13	3.01	2.91	2.84	2.77	2.68	2.57	2.46	2.41	2.35	2.29	2.22	2.16	2.09
21	5.83	4.42	3.82	3.48	3.25	3.09	2.97	2.87	2.80	2.73	2.64	2.53	2.42	2.37	2.31	2.25	2.18	2.11	2.04
22	5.79	4.38	3.78	3.44	3.22	3.05	2.93	2.84	2.76	2.70	2.60	2.50	2.39	2.33	2.27	2.21	2.14	2.08	2.00
23	5.75	4.35	3.75	3.41	3.18	3.02	2.90	2.81	2.73	2.67	2.57	2.47	2.36	2.30	2.24	2.18	2.11	2.04	1.97
24	5.72	4.32	3.72	3.38	3.15	2.99	2.87	2.78	2.70	2.64	2.54	2.44	2.33	2.27	2.21	2.15	2.08	2.01	1.94
25	5.69	4.29	3.69	3.35	3.13	2.97	2.85	2.75	2.68	2.61	2.51	2.41	2.30	2.24	2.18	2.12	2.05	1.98	1.91
26	5.66	4.27	3.67	3.33	3.10	2.94	2.82	2.73	2.65	2.59	2.49	2.39	2.28	2.22	2.16	2.09	2.03	1.95	1.88
27	5.63	4.24	3.65	3.31	3.08	2.92	2.80	2.71	2.63	2.57	2.47	2.36	2.25	2.19	2.13	2.07	2.00	1.93	1.85
28	5.61	4.22	3.63	3.29	3.06	2.90	2.78	2.69	2.61	2.55	2.45	2.34	2.23	2.17	2.11	2.05	1.98	1.91	1.83
29	5.59	4.20	3.61	3.27	3.04	2.88	2.76	2.67	2.59	2.53	2.43	2.32	2.21	2.15	2.09	2.03	1.96	1.89	1.81
30	5.57	4.18	3.59	3.25	3.03	2.87	2.75	2.65	2.57	2.51	2.41	2.31	2.20	2.14	2.07	2.01	1.94	1.87	1.79
40	5.42	4.05	3.46	3.13	2.90	2.74	2.62	2.53	2.45	2.39	2.29	2.18	2.07	2.01	1.94	1.88	1.80	1.72	1.64
60	5.29	3.93	3.34	3.01	2.79	2.63	2.51	2.41	2.33	2.27	2.17	2.06	1.94	1.88	1.82	1.74	1.67	1.58	1.48
120	5.15	3.80	3.23	2.89	2.67	2.52	2.39	2.30	2.22	2.16	2.05	1.94	1.82	1.76	1.69	1.61	1.53	1.43	1.31
∞	5.02	3.69	3.12	2.79	2.57	2.41	2.29	2.19	2.11	2.05	1.94	1.83	1.71	1.64	1.57	1.48	1.39	1.27	1.00

（4）$\alpha=0.01$

k_2	k_1																		
	1	2	3	4	5	6	7	8	9	10	12	15	20	24	30	40	60	120	∞
1	4052	4999.5	5403	5625	5764	5859	5928	5982	6022	6156	6106	6157	6209	6235	6261	6287	6313	6339	6366
2	98.50	99.00	99.17	99.25	99.30	99.33	99.36	9937	99.39	99.40	99.42	99.43	99.45	99.46	99.47	99.47	99.48	99.49	99.50
3	34.12	30.82	29.46	28.71	28.24	27.91	27.67	27.49	27.35	27.23	27.05	26.87	26.69	26.60	26.50	26.41	26.32	26.22	26.13
4	21.20	18.00	16.69	15.98	15.52	15.21	14.98	14.80	14.66	14.55	14.37	14.20	14.02	13.93	13.84	13.75	13.65	13.56	13.46
5	16.26	13.27	12.06	11.39	10.97	10.67	10.46	10.29	10.16	10.05	9.89	9.72	9.55	9.47	9.38	9.29	9.20	9.11	9.02
6	13.75	10.92	9.78	9.15	8.75	8.47	8.26	8.10	7.98	7.87	7.72	7.56	7.40	7.31	7.23	7.14	7.06	6.97	6.88
7	12.25	9.55	8.45	7.85	7.46	7.19	6.99	6.84	6.72	6.62	6.47	6.31	6.16	6.07	5.99	5.91	5.82	5.74	5.65
8	11.26	8.65	7.59	7.01	6.63	6.37	6.18	6.03	5.91	5.81	5.67	5.52	5.36	5.28	5.20	5.12	5.03	4.95	4.86
9	10.56	8.02	6.99	6.42	6.06	5.80	5.61	5.47	5.35	5.26	5.11	4.96	4.81	4.73	4.65	4.57	4.48	4.40	4.31
10	10.04	7.56	6.55	5.99	5.64	5.39	5.20	5.06	4.94	4.85	4.71	4.56	4.41	4.33	4.25	4.17	4.08	4.00	3.91
11	9.65	7.21	6.22	5.67	5.32	5.07	4.89	4.74	4.63	4.54	4.40	4.25	4.10	4.02	3.94	3.86	3.78	3.69	3.60
12	9.33	6.93	5.95	5.41	5.06	4.82	4.64	4.50	4.39	4.30	4.16	4.01	3.86	3.78	3.70	3.62	3.54	3.45	3.36
13	9.07	6.70	5.74	5.21	4.86	4.62	4.44	4.30	4.19	4.10	3.96	3.82	3.66	3.59	3.51	3.43	3.34	3.25	3.17
14	8.86	6.51	5.56	5.04	4.69	4.46	4.28	4.14	4.03	3.94	3.80	3.66	3.51	3.43	3.35	3.27	3.18	3.09	3.00
15	8.68	6.36	5.42	4.89	4.56	4.32	4.14	4.00	3.89	3.80	3.67	3.52	3.37	3.29	3.21	3.13	3.05	2.96	2.87
16	8.53	6.23	5.29	4.77	4.44	4.20	4.03	3.89	3.78	3.69	3.55	3.41	3.26	3.18	3.10	3.02	2.93	2.84	2.75
17	8.40	6.11	5.18	4.67	4.34	4.10	3.93	3.79	3.68	6.59	3.46	3.31	3.16	3.08	3.00	2.92	2.83	2.75	2.65
18	8.29	6.01	5.09	4.58	4.25	4.01	3.84	3.71	3.60	3.51	3.37	3.23	3.08	3.00	2.92	2.84	2.75	2.66	2.57
19	8.18	5.93	5.01	4.50	4.17	3.94	3.77	3.63	3.52	3.43	3.30	3.15	3.00	2.92	2.84	2.76	2.67	2.58	2.49
20	7.95	5.72	4.82	4.31	3.99	3.76	3.59	3.45	3.35	3.26	3.12	3.98	2.83	2.75	2.67	2.58	2.50	2.40	2.31
21	7.88	5.66	4.76	4.26	3.94	3.71	3.54	3.41	3.30	3.21	3.07	3.93	2.78	2.70	2.62	2.54	2.45	2.35	2.26
22	7.82	5.61	4.72	4.22	3.90	3.67	3.50	3.36	3.26	3.17	3.03	3.89	2.74	2.66	2.58	2.49	2.40	2.31	2.21
23	7.77	5.57	4.68	4.18	3.85	3.63	3.46	3.32	3.22	3.13	2.99	3.85	2.70	2.62	2.54	2.45	2.36	2.27	2.17
24	7.72	5.53	4.64	4.14	3.82	3.59	3.42	3.29	3.18	3.09	2.96	2.81	2.66	2.58	2.50	2.42	2.33	2.23	2.13
25	7.68	5.49	4.60	4.11	3.78	3.56	3.39	3.26	3.15	3.06	2.93	2.78	2.63	2.55	2.47	2.38	2.29	2.20	2.10
26	7.64	5.45	4.57	4.07	3.75	3.53	3.36	3.23	3.12	3.03	2.90	2.75	2.60	2.52	2.44	2.35	2.26	2.17	2.06
27	7.60	5.42	4.54	4.04	3.73	3.50	3.33	3.20	3.09	3.00	2.87	2.73	2.57	2.49	2.41	2.33	2.26	2.14	2.03
28	7.56	5.39	4.51	4.02	3.70	3.47	3.30	3.17	3.07	2.98	2.84	2.70	2.55	2.47	2.39	2.30	2.21	2.11	2.01
29	7.31	5.18	4.31	3.83	3.51	3.29	3.12	2.99	2.89	2.80	2.66	2.52	2.37	2.29	2.20	2.11	2.02	1.92	1.80

k_2	k_1																		
	1	2	3	4	5	6	7	8	9	10	12	15	20	24	30	40	60	120	∞
30	7.08	4.98	4.13	3.65	3.34	3.12	2.95	2.82	2.72	2.63	2.50	2.35	2.20	2.12	2.03	1.94	1.84	1.73	1.60
40	6.85	4.79	3.95	3.48	3.17	2.96	2.79	2.66	2.56	2.47	2.34	2.19	2.03	1.95	1.86	1.76	1.66	1.53	1.38
60	6.63	4.61	3.78	3.32	3.02	2.80	2.64	2.51	2.41	2.32	2.18	2.04	1.88	1.79	1.70	1.59	1.47	1.32	1.00
120	4052	4999.5	5403	5625	5764	5859	5928	5982	6022	6156	6106	6157	6209	6235	6261	6287	6313	6339	6366
∞	98.50	99.00	99.17	99.25	99.30	99.33	99.36	9937	99.39	99.40	99.42	99.43	99.45	99.46	99.47	99.47	99.48	99.49	99.50

（5）$\alpha=0.005$

k_2	k_1																		
	1	2	3	4	5	6	7	8	9	10	12	15	20	24	30	40	60	120	∞
1	16211	20000	21615	22500	23056	23437	23715	23925	24091	24224	24426	24630	24836	24940	25044	25148	25253	25359	25465
2	198.5	199	199.2	199.2	199.3	199.3	199.4	199.4	199.4	199.4	199.4	199.4	199.4	199.5	199.5	199.5	199.5	199.5	199.5
3	55.55	49.80	47.47	46.19	45.39	44.84	44.43	44.13	43.88	43.69	43.39	43.08	42.78	42.62	42.47	42.31	42.15	41.99	41.83
4	31.33	26.28	24.26	23.65	22.46	21.97	21.62	21.35	21.14	20.97	20.70	20.44	20.17	20.03	19.89	19.75	19.61	19.47	19.32
5	22.78	18.31	16.53	15.56	14.94	14.51	14.20	13.96	13.77	13.62	13.38	13.15	12.90	12.78	12.66	12.53	12.40	12.27	12.14
6	18.63	14.54	12.92	12.03	11.46	11.07	10.79	10.57	10.39	10.25	10.03	9.51	9.59	9.47	9.36	9.24	9.12	9.00	8.88
7	16.24	12.42	10.88	10.05	9.52	9.16	8.88	8.68	8.51	8.38	8.18	7.97	7.75	7.65	7.53	7.42	7.31	7.19	7.08
8	14.69	11.04	9.60	8.81	8.30	7.95	7.69	7.50	7.34	7.21	7.01	6.81	6.61	6.50	6.40	6.69	6.18	6.06	5.95
9	13.61	10.11	8.72	7.96	7.47	7.13	6.88	6.69	6.54	6.42	6.23	6.03	5.83	5.73	5.62	5.52	5.41	5.30	5.19
10	12.83	9.43	8.08	7.34	6.87	6.54	6.30	6.12	5.97	5.85	5.66	5.47	5.27	5.17	5.07	4.97	4.86	4.75	4.64
11	12.23	8.91	7.60	6.88	6.42	6.10	5.86	5.68	5.54	5.42	5.24	4.05	4.86	4.76	4.65	4.55	4.44	4.34	4.23
12	11.75	8.51	7.23	6.52	6.07	5.76	5.52	5.35	5.20	5.09	4.91	4.72	4.53	4.43	4.33	4.23	4.12	4.01	3.90
13	11.37	8.19	6.93	6.23	5.79	6.48	5.25	5.08	4.94	4.82	4.64	4.46	4.27	4.17	4.07	3.97	3.87	3.76	3.65
14	11.06	7.92	6.68	6.00	5.56	5.26	5.03	4.86	4.72	4.60	4.43	4.25	4.06	3.96	3.86	3.76	3.66	3.55	3.44
15	10.80	7.70	6.48	5.80	5.37	5.07	4.85	4.67	4.54	4.42	4.25	4.07	3.88	3.79	3.69	3.58	3.48	3.37	3.26
16	10.58	7.51	6.30	5.64	5.21	4.91	4.69	4.52	4.38	4.27	4.10	3.92	3.73	3.64	3.54	3.44	3.33	3.22	3.11
17	10.38	7.35	6.16	5.50	5.07	4.78	4.56	4.39	4.25	4.14	3.97	3.79	3.61	3.51	3.41	3.31	3.21	3.10	2.98
18	10.22	7.21	6.03	5.37	4.96	4.66	4.44	4.28	4.14	4.03	3.86	3.68	3.50	3.40	3.30	3.20	3.10	2.99	2.87
19	10.07	7.09	5.92	5.27	4.85	4.56	4.34	4.18	4.04	3.93	3.76	3.59	3.40	3.31	3.21	3.11	3.00	2.89	2.78
20	9.94	6.99	5.82	5.17	4.76	4.47	4.26	4.09	3.96	3.85	3.68	3.50	3.32	3.22	3.12	3.02	2.92	2.81	2.69

续表

k_2	k_1																		
	1	2	3	4	5	6	7	8	9	10	12	15	20	24	30	40	60	120	∞
21	9.83	6.89	5.73	5.09	4.68	4.39	4.18	4.01	3.88	3.77	3.60	3.43	3.24	3.15	3.05	2.95	2.84	2.73	2.61
22	9.73	6.81	5.65	5.09	4.61	4.32	4.11	3.94	3.81	3.70	3.54	3.36	3.18	3.08	2.98	2.88	2.77	2.66	2.55
23	9.63	6.73	5.58	4.95	4.54	4.26	4.05	3.88	3.75	3.64	3.47	3.30	3.12	3.02	2.92	2.82	2.71	2.60	2.48
24	9.55	6.66	5.52	4.89	4.49	4.20	3.99	3.83	3.69	3.59	3.42	3.25	3.06	2.97	2.87	2.77	2.66	2.55	2.43
25	9.48	6.60	5.46	4.84	4.43	4.15	3.94	3.78	3.64	3.54	3.37	3.20	3.01	2.92	2.82	2.72	2.61	2.50	2.38
26	9.41	6.54	5.41	4.79	4.38	4.10	3.89	3.73	3.60	3.49	3.33	3.15	2.97	2.87	2.77	2.67	2.56	2.45	2.33
27	9.34	6.49	5.36	4.74	4.34	4.06	3.85	3.69	3.56	3.45	3.28	3.11	2.93	2.83	2.73	2.63	2.52	2.41	2.29
28	9.28	6.44	5.32	4.70	4.30	4.02	3.81	3.65	3.52	3.41	3.25	3.07	2.89	2.79	2.69	2.59	2.48	2.37	2.25
29	9.23	6.40	5.28	4.66	4.26	3.98	3.77	3.61	3.48	3.38	3.21	3.04	2.86	2.76	2.66	2.56	2.45	2.33	2.21
30	9.18	6.35	5.24	4.62	4.23	3.95	3.74	3.58	3.45	3.34	3.18	3.01	2.82	2.73	2.63	2.52	2.42	2.30	2.18
40	8.83	6.07	4.98	4.37	3.99	3.71	3.51	3.35	3.22	3.12	2.95	2.78	2.60	2.50	2.40	2.30	2.18	2.06	1.93
60	8.49	5.79	4.73	4.14	3.76	3.49	3.29	3.13	3.01	2.90	2.74	2.57	2.39	2.29	2.19	2.08	1.96	1.83	1.69
120	8.18	5.54	4.50	3.92	3.55	3.28	3.09	2.93	2.81	2.71	2.54	2.37	2.19	2.09	1.98	1.87	1.75	1.61	1.43
∞	7.88	5.30	4.28	3.72	3.35	3.09	2.90	2.74	2.62	2.52	2.36	2.19	2.00	1.90	1.79	1.67	1.53	1.36	1.00